中小学生食品安全知识读本丛书

中学生食品安全知识读本

第 2 版

主编 刘烈刚 杨雪锋

插图 郑中原

U0206305

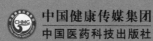

中国健康传媒集团

中国医药科技出版社

图书在版编目（CIP）数据

中学生食品安全知识读本 / 刘烈刚，杨雪锋主编. —2版. —北京：
中国医药科技出版社，2019.9
（中小学生食品安全知识读本丛书）
ISBN 978-7-5214-1293-2

Ⅰ.①中… Ⅱ.①刘…②杨… Ⅲ.①食品安全—青少年读物
Ⅳ.①TS201.6-49

中国版本图书馆CIP数据核字（2019）第162884号

美术编辑　陈君杞
版式设计　北京兴睿达广告有限公司

出版　**中国健康传媒集团**｜**中国医药科技出版社**
地址　北京市海淀区文慧园北路甲 22 号
邮编　100082
电话　发行：010-62227427　邮购：010-62236938
网址　www.cmstp.com
规格　710×1000mm　¹/₁₆
印张　7¹/₂
字数　113 千字
初版　2017 年 9 月第 1 版
版次　2019 年 9 月第 2 版
印次　2019 年 9 月第 1 次印刷
印刷　三河市万龙印装有限公司
经销　全国各地新华书店
书号　ISBN 978-7-5214-1293-2
定价　29.80 元

获取新书信息、投稿、
为图书纠错，请扫码
联系我们。

3 如何守护「舌尖上的安全」

069

2 营养搭配你做对了吗

033

目录

1 你真的了解这些食物吗

001

萌萌
性别：女

年龄：15岁　　　　年级：初中三年级

星座：天秤座　　　血型：AB

- -

情绪指数：开心。

处事风格：随和。

性格表现：追求时尚，探索知识，喜爱艺术。

外貌特征：清新脱俗的美少女，喜欢穿裙子套装，

白色球鞋，喜欢湖蓝色，短发齐刘海。因为爱笑，

所以有一种自然的亲和力。

查理
性别：女

年龄：1岁　　　　来历：领养

星座：金牛座　　　血型：不详

- -

情绪指数：好动。

处事风格：友好。

性格表现：热爱滚球，吃各种杂食，喜欢在主人的

肩膀上趴着。

外貌特征：黄灰色豚鼠，身材肥胖，头上有阿凯喜

欢的蓝色蝴蝶结。

本书主人公介绍

阿凯　性别：男

年龄：16岁　　　　年级：高中一年级

星座：摩羯座　　血型：B

情绪指数：沉着。

处事风格：果断。

性格表现：热爱运动，少言寡语，勇敢。

外貌特征：阳光大男孩，喜欢穿休闲运动装，带护腕，喜欢蓝色系列搭配，他有一只好吃的胖胖的宠物豚鼠。

识进行权威解读，同时邀请中国营养学会的营养科普工作专家进行审定。三是突出可读性，把握中小学生思维、语言表达特点，邀请拥有丰富青少年及儿童读物出版设计经验的团队，为"读本"专门设计了时尚可爱的人物形象，少文字、多配图，图文并茂地讲故事，让孩子们轻松愉快地在阅读中了解、接受食品安全和营养健康科学知识。

考虑到小学生和中学生成长阶段的不同特点，"读本"内容有所侧重。《小学生食品安全知识读本》侧重告诉孩子们吃什么对身体有益、怎么吃更安全健康，告诉孩子们"饭前一定要洗手""睡前不能吃零食"。《中学生食品安全知识读本》侧重解答孩子们对于饮食安全和营养健康方面的认知误区和疑惑，包括介绍青春期健康饮食以及在外就餐、网上订餐等科普知识。我们希望，通过这些有针对性的问题，结合通俗易懂的表现形式，帮助同学们更深入、更全面地了解食品安全和营养健康知识，在生活中做到关注食品安全、注重平衡膳食营养，提升食品安全意识，养成良好的饮食卫生习惯，从而促进身体健康发育。

本书的编写工作，得到了国家食品药品监督管理总局领导的关心和大力支持。总局新闻宣传司颜江瑛司长、食品安全监管二司马纯良司长，对本书的编写给予了具体、悉心的指导，在此一并表示衷心的感谢。

中国健康传媒集团

中国医药科技出版社

2017年6月

出版者的话

校园食品安全，关系青少年健康成长，关系亿万家庭安定与幸福。2016年，国务院食品安全委员会办公室联合6部委发文，要求进一步加强校园及周边食品安全工作。响应这一号召，中国健康传媒集团组织专家学者，精心编写推出《小学生食品安全知识读本》和《中学生食品安全知识读本》。

中小学生正处于学习知识和培养习惯的黄金时期，也是培养科学的食品安全认知、提高食品安全自我防护能力的关键阶段。在编写"读本"的过程中，我们充分考虑中小学生认知结构、阅读兴趣点等特点，一是突出针对性，组织开展了以学生、学生家长和教师为对象的广泛调研，接受调研的家长有知识分子、企业职工、公务员、自由职业者等，范围涉及十几个城市，在此基础上，分别针对小学生和中学生，精心遴选了日常生活中经常会遇到并且感兴趣的食品安全和营养健康热点问题。二是突出权威性，特邀华中科技大学同济医学院公共卫生专业资深专家，为我们征集遴选到的食品安全和营养健康知

于食品安全进校园活动的科普宣传资料发放，是一套有料、有趣、有用的食品安全科普书。本次再版对第一版内容中某些表述不严谨、不规范的地方进行了相应的修正和补充，并根据最新科研动态，同步更新相关知识点表述，确保书中知识与时俱进。同时，结合读者反馈意见对内容结构进行调整、精选。此次再版全新修订升级，知识点更新，系统性增强。

我们希望本套读本能帮助同学们在全面、深入了解食品安全和营养健康知识的基础上，加强食品安全意识，提升食品安全素养，关注食品安全问题，养成健康安全的饮食习惯，从而促进健康成长。

中国健康传媒集团

中国医药科技出版社有限公司

2019年7月

再版前言

《小学生食品安全知识读本》和《中学生食品安全知识读本》分别针对小学生和中学生量身定制，内容科学实用、作者权威专业、阅读感受轻松快乐，自2017年9月出版以来，在全国各地中小学校园掀起了食品安全教育的热潮，作为食品安全校园宣传教育的科普资料受到广大中小学生读者的喜爱。本套读本还荣获了"科技部2018年全国优秀科普作品""食品药品科普最佳传播作品（文字作品）"等省部级的奖项。

为贯彻落实习近平总书记对食品安全工作提出的"四个最严"要求，加强对学校食品安全与营养健康的监督管理，2019年3月，教育部、国家市场监督管理总局和国家卫生健康委员会3部委联合印发了《学校食品安全与营养健康管理规定》（以下简称《规定》）。《规定》提出，要加强食品安全与营养健康的宣传教育，中小学、幼儿园应当培养学生健康的饮食习惯。

中小学生正处于学习营养健康和食品安全知识、养成健康生活方式、提高营养健康和食品安全素养的关键时期。本套读本的出版不仅可以作为学校营养、健康及食品安全相关课程的辅导用书，还可以用

编委会

主编

刘烈刚　杨雪锋

编委

（按姓氏笔画排序）

刘烈刚　杨年红　杨雪锋　郝丽萍

姚　平　唐玉涵　黄连珍

内容提要

中学生正处于学习知识和培养习惯的黄金时期，也是培养科学的食品安全认知、提高食品安全自我防护能力的关键阶段。本书在第一版的基础上，对内容进行了全新修订升级，介绍了食品营养和饮食安全方面常见的认识误区和疑惑，而且对食品选购、储存、烹调、外出就餐和网上订餐时可能出现的饮食安全问题给予了科学解答。

科学、易懂的语言和生动有趣的原创彩色配图，不仅向同学们展示了营养健康科学知识，解开同学们对食品安全问题的种种疑惑，还让同学们在学习有趣、有料的食品安全知识中，耳濡目染地形成良好的饮食习惯，逐渐树立正确的食品安全意识。

你真的了解这些食物吗

1

1 为什么有的人喝牛奶会拉肚子

生活中，我们经常会遇到有些同学在喝了牛奶之后出现肚子疼、拉肚子的现象，导致他们不敢喝牛奶。为什么这些同学一喝牛奶就会胃肠道不舒服呢？

这是因为他们体内缺少了一种消化酶——乳糖酶。它是专门为了消化母乳中的乳糖成分的。乳糖在自然界中只存在于哺乳动物的乳汁中，所以牛奶及奶制品中就含有乳糖成分。当我们还是婴儿的时候，身体里都有一种乳糖酶，如果在成长的过程中长期不吃乳制品，那么人体会认为没有必要保留消化乳糖这个功能了，所以产生乳糖酶的功能也就慢慢减退，最后完全消失。这时如果再喝牛奶，乳糖进入人体后就无法被消化吸收，到达肠道时，肠道细菌就会利用乳糖发酵，产酸、产气，造成肠道功能的紊乱。当然，乳糖酶也可能因为其他原因，比如个体差异，而导致活性下降或缺乏。这种因乳糖酶缺乏，饮用牛奶后产生的种种症状称为"乳糖不耐受症"，并不是对牛奶过敏了。

患有乳糖不耐受症的人就终生与"奶"无缘了吗？其实也不是的。这部分人可以想办法缓解症状或者选择经过特殊处理的奶制品代替普通奶制品。比如把牛奶和主食混在一起吃，或者用牛奶、奶粉来做面食，这样可以延缓牛奶的吸收速度，减轻"乳糖不耐"的反应。少量多次饮用加热的牛奶，也可以有效缓解症状。酸奶和无乳糖牛奶都是经过不同的加工处理过程把奶中的乳糖分解掉了，这样既保留了牛奶中丰富的营养素，还解决了乳糖这个"麻烦分子"。

牛奶及奶制品的营养价值对同学们的身体健康非常重要，一定要保证适量的牛奶或其他奶制品的摄入。另外，乳糖不耐受的同学除了可以试用上面介绍的几个方法，平时也要注意少摄入咖啡、辣椒等刺激性的食物，从而保护好自己的肠胃。

2 # 男生常喝豆浆胸部会发育吗

豆浆促使男生胸部发育的谣言起源于豆浆中的植物雌激素——大豆异黄酮。植物雌激素并非人体雌激素，两者不能混为一谈。

大豆异黄酮 → 植物雌激素 ≠ 人体雌激素

植物雌激素和人体雌激素不是一回事吗？

大豆异黄酮的雌激素生物活性十分微弱，还不到内源性雌激素的千分之一。对于年轻女性来说，每天一杯豆浆不足以引起雌激素水平的明显变化，而中老年女性适量喝豆浆对保持身体健康、延缓衰老有明显效果。大豆异黄酮可预防骨质疏松和心血管疾病的发生。

妈妈，喝杯豆浆吧，对身体有好处呢。

对于男性来说，身体内的雄激素含量很高，豆浆中的植物雌激素远不足以逆转其激素平衡，也不会影响男性特征和正常发育。反之，植物雌激素摄入量高的时候，对雄激素有轻微的抑制作用，因此雄激素水平很高的年轻男子喝些豆浆，在一定程度上有利于减轻因激素不平衡引起的青春痘。实际上，适当吃些大豆，对于男性来说，是有益无害的。

植物雌激素可以减轻因激素不平衡引起的青春痘

《中国居民膳食指南（2016）》
大豆摄入量：30~50克≈每天2杯豆浆

含20毫克大豆异黄酮

200毫升豆浆

《中国居民膳食指南（2016）》推荐的大豆合理摄入量是每天 30 ~ 50 克，换算后大约每天 2 杯豆浆。豆浆中的大豆异黄酮含量并不高，喝一杯 200 毫升的豆浆摄入的大豆异黄酮才不过 20 毫克。在这个摄入量下，豆浆不可能影响男性性征，也不可能影响男生的正常发育。

3 长了斑点的香蕉能不能吃

香蕉又叫作甘蕉，属热带水果。香蕉含有的能量较高，含有较多的碳水化合物及多种其他营养素，特别是钾元素含量丰富，能促进人体细胞及组织生长，还能降血压。香蕉未成熟时，口感有些发涩，这是由于未成熟的香蕉中所含的鞣酸较多，而这种鞣酸对肠道有收敛作用，容易导致便秘。因此，吃未成熟的香蕉不仅不能防治便秘，反而会加重便秘。当香蕉成熟后，其中的抗性淀粉同膳食纤维一样具有预防和缓解便秘的作用。

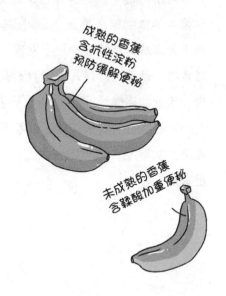

成熟的香蕉
含抗性淀粉
预防缓解便秘

未成熟的香蕉
含鞣酸加重便秘

有黑点的香蕉是香蕉自然熟透了的表现。香蕉放久了必然会出现黑点。有些同学一定会好奇这种香蕉到底能不能吃呢？

可不可以吃呢？

带斑点的香蕉

其实，带斑点的香蕉是可以吃的。而且，熟透了的香蕉不仅甜度很高、口感更好，而且营养价值更高。

光合作用产生淀粉

淀粉

香甜

酶

酶催化淀粉转化成
果糖、蔗糖等

为什么青涩的香蕉放久了会发生这么大的变化呢？这是因为香蕉在采摘之后，果实本身的细胞仍然在进行呼吸和生化反应。植物通过光合作用产生的淀粉较多，淀粉本身并没有甜味，但在果实成熟的过程中会合成一系列特殊的酶，这些酶可以催化淀粉转化成果糖、蔗糖等各种糖。这些糖都具有甜味，而且甜度很高，所以青香蕉在成熟的过程中会变甜。

以后，同学们再遇到长了斑点的香蕉时，不要担心，它是可以吃的，而且味道香甜可口。但是，如果香蕉果肉变成灰黑色，则标志着香蕉已经腐烂，不可食用。

我已经变黑了，不能吃了

多吃木瓜真的可以美白吗

番木瓜果皮光滑，果肉厚实细致、香气浓郁、汁水丰多、甜美可口、营养丰富，有"百益果王"之称，是岭南四大名果之一。现代营养学研究发现，木瓜含有较为丰富的糖分、维生素、矿物质等营养成分和一些特殊的生理活性成分，如木瓜蛋白酶、木瓜凝乳酶、番木瓜碱、番茄红素、B 族维生素、维生素 C、维生素 E、胡萝卜素、隐黄素等，是其具有健脾消食、抗疫驱虫，甚至美白丰乳等特殊食疗功效的物质基础。

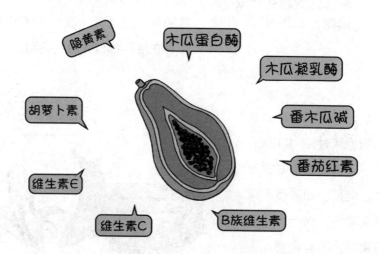

木瓜富含维生素 C、胡萝卜素、隐黄素等，具有很强的抗氧化能力。不仅可以帮助皮肤抵抗紫外线和环境有害物质引起的损伤，还可能帮助机体修复衰老受损的组织细胞，消除有毒物质，因此有助于皮肤的更新、修复和防护。

这些营养活性成分还可以均衡人体内分泌的生理代谢平衡，增强人体免疫力，抵抗病菌入侵，防止皮肤病变。

其次，木瓜所含的蛋白酶等酶类，可以补偿胰、肠消化液分泌的不足，有助于食物的消化，也有助于皮肤的更新、修复。

抵抗紫外线

修复组织细胞

有助于皮肤更新与修复

因此，木瓜具有一定的美白功效，但不可过量食入。过量摄入木瓜，则其中所含的番木瓜碱可能促使子宫松弛和回肠持续性收缩，在热带、亚热带地区甚至有用木瓜作为堕胎药和泻下剂的历史。因此，经期女性、畏寒体弱的孕妇需慎食，以免引起子宫收缩、痛经和流产。

5 吃胡萝卜可以改善视力吗

正常视觉功能的维持主要与维生素 A 有关,维生素 A 存在于动物性食物中,尤其是动物肝脏、鱼肝油、全脂奶和蛋黄中。

虽然植物性食物中不含维生素 A,但其中含有类胡萝卜素,许多类胡萝卜素可转变为维生素 A,其中最重要的是 β–胡萝卜素。β–胡萝卜素大多存在于像胡萝卜这样颜色鲜艳的食物中。比如,在枸杞子、西兰花、芒果、西红柿等颜色鲜艳的蔬果中含量较多,还有爷爷奶奶常喝的绿茶也含有丰富的 β–胡萝卜素。

吃胡萝卜确实可以改善视力，但是胡萝卜中的 β‐ 胡萝卜素属于脂溶性维生素，单独生吃胡萝卜时，β‐ 胡萝卜素的吸收受限，所以吃胡萝卜时最好和肉（油）一起炒或炖，这样才能使 β‐ 胡萝卜素充分释放，发挥其保护视力的作用。

6 雾霾天，真的能用木耳"清肺"吗

网上有传言说："雾霾天吃点黑木耳，能清肺。"那么，黑木耳的功能真的如此强大吗？用黑木耳清肺靠谱吗？

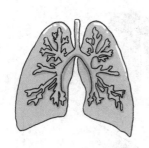

木耳能清肺吗？

木耳是一种大家十分熟悉且安全的食用菌，它富含膳食纤维，对于降低胆固醇，疏通血管，帮助排出消化道的杂质确实有一定的作用，有人甚至称它为血管和肠道的"清道夫"。此外，木耳中的木耳多糖还有提高免疫力的作用。但是雾霾天空气里的可吸入颗粒物，尤其是PM2.5，会直接进入呼吸系统，特别是肺部。虽然黑木耳是"清道夫"，但它能清的是肠道，可不是肺。

木耳含有丰富的膳食纤维，能促进肠蠕动，因此被称为"清道夫"

木耳促进肠道蠕动、清理肠道

因此，黑木耳"清肺"的作用微乎其微。进入肺部的这些污染物很大程度上是通过增加氧化应激对人体造成危害，所以那些针对雾霾的食疗和偏方并不一定有效。但是多吃一些蔬菜、水果，补充维生素、矿物质以及一些植物化合物，平时增强锻炼，提高身体免疫力，对抵抗雾霾天气还是有所帮助的。

蔬菜

水果

维生素 矿物质

经常吃鱼可以变聪明吗

现代营养学研究表明，鱼类含有很多营养成分。鱼类的蛋白质含量为15%～24%，高于禽肉和畜肉，而且这些蛋白质吸收率很高，87%～98%都会被人体吸收，所以鱼肉是很好的蛋白质来源。鱼类的脂肪含量比畜肉少很多，而且鱼类含有很特别的 ω-3 脂肪酸，例如 EPA（Eicosapentaenoic acid，二十碳五烯酸）及 DHA（Decosahexanoid acid，二十二碳六烯酸），有助于大脑的发育，促进智力的发展。

蛋白质
含量15%～24%

ω-3脂肪酸

为什么家长们都说吃鱼会变聪明呢？这是有科学根据的。鱼类所含的DHA，在人体内主要存在于脑部、视网膜和神经中。DHA 可维持视网膜正常功能，婴儿尤其需要这种营养物质，促进视力健全发展。DHA 不仅对大脑发育及智能发展有极大的帮助，还是神经系统发育不可或缺的养分。

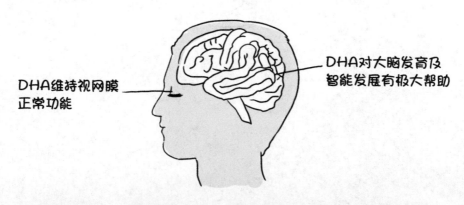

DHA维持视网膜
正常功能

DHA对大脑发育及
智能发展有极大帮助

鱼肉还含有丰富的核酸，这是构成细胞的重要物质，特别是青少年在成长期，需要较多的核酸类物质供给。此外，鱼类也是维生素 B$_{12}$ 的良好来源；鱼的肝脏中含有丰富的维生素 A 及维生素 D；鱼类中矿物质和微量元素的含量也不低，其中钙的含量比猪肉、牛肉、羊肉、鸡肉都高，是很好的钙质来源。这些营养物质对青少年的成长发育和身体免疫力都有重要的意义。

所以，从营养的角度，建议同学们每周吃 1~2 次鱼，每次 100 克左右。

8 核桃有没有补脑的功效

核桃仁外形类似人脑部形状，且含有大量补脑益智的营养成分，有"以形补形"的补脑作用，对大脑的好处有很多。

- 蛋白质含量14%~17%
- 精氨酸含量高
- 对心血管、神经、免疫系统的生理和病理调控起到关键作用

核桃中蛋白质的含量高达 14% ~ 17%，包含人体所需的 8 种必需氨基酸。其中精氨酸含量特别丰富，它是人体内源性一氧化氮合成的原料，对心血管、神经、免疫等多个系统的生理和病理调控起着关键的作用。

核桃中的脂类成分的含量高达 58.8%，其中多不饱和脂肪酸含量占 76.2%，α－亚麻酸约占 12.2%，为干果中含量最高的。α－亚麻酸属于 ω–3 类脂肪酸，在体内经过转化后成为二十二碳六烯酸（DHA），它是构成大脑神经细胞和视网膜细胞必不可少的物质，对调节注意力和认知过程有重要的作用。此外，核桃中含有丰富的卵磷脂，它不仅有降脂的作用，还可通过释放胆碱生成神经信号传递类物质——乙酰胆碱，从而具有促进大脑发育、提高学习记忆能力、防止老年痴呆等作用。但是，由于核桃中含有太多的脂肪，如果一次吃太多会影响消化功能，既容易上火又容易发胖，所以每天吃 3 ~ 4 个核桃就足够了。

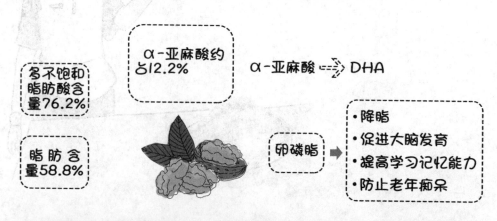

多不饱和脂肪酸含量76.2%

α－亚麻酸约占12.2%

α－亚麻酸 ⇢ DHA

脂肪含量58.8%

卵磷脂 →
- 降脂
- 促进大脑发育
- 提高学习记忆能力
- 防止老年痴呆

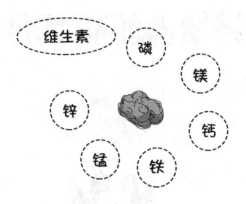

另外，核桃仁还含有磷、镁、钙、铁、锰等矿物质和维生素 A、维生素 B、维生素 C、维生素 E 等多种营养物质。经常食用，可增强人体细胞的活力，防止动脉硬化，延缓衰老。尤其是其中的锌和 B 族维生素等，对于促进大脑的能量代谢和学习记忆能力也具有特别重要的作用。

需要特别说明的是，核桃补脑只是通过其所含的特殊营养成分促进大脑的发育，延缓大脑的退行性改变，并不能真正地提高多少智力。核桃所含的成分不是兴奋剂，也不可能像咖啡因或某些激素那样在短期内改变大脑的活动状态。因此，在膳食平衡、营养多样化的前提下，养成多学习、勤思考，并保证充足睡眠、多运动的习惯，这样，大脑自然就会越来越灵光！

要膳食平衡，多学习，勤思考，保证充足睡眠，多运动，才能让大脑越来越灵光哦！

9 为什么吃薯片让人停不下来

关于薯片，你可能有这样的切身体会：吃下了第一片后，就再也停不下来，要一口气把它们都吃光。

这属于"享乐性进食"。享乐性进食是指为了愉悦感而并非消除饥饿而进行的过度摄食。这种消遣性的暴饮暴食有可能发生在每个人身上，长期的享乐性进食是造成肥胖的重要原因之一。

哇！薯片！宝藏耶！

美味！好吃的！吃了很开心！

你知道吗？人会对盐"上瘾"。平时我们感到嘴里想吃点零食或想嚼点东西时，我们首先会想到吃点咸的。与一般食物不同，薯片是一种高盐食品，我们在吃薯片等零食的时候往往忽略了它们很咸的事实。这是因为我们吃薯片时，大脑的奖赏系统被强烈激活，发出一种奖励信号，诱导了享乐性进食的发生。

科学家曾做过实验：给一组小白鼠提供低盐食物，另一组则进行盐水滴注，然后再给它们吃无盐食物。他们将这两组白鼠的脑部活动进行了比较，一直盐水滴注的这组小白鼠对盐的渴望明显高于低盐组，而且分泌了类似对尼古丁、海洛因等物质上瘾需求的蛋白质，所以"一吃就停不下来"。这很有可能是你的大脑对盐、对咸味"上瘾"，产生了强烈的依赖。

如果要摆脱这种依赖，就要在日常进食中长时间有意识地避免吃过咸的食物，让味蕾的敏感水平重新恢复到正常水平。还是要提醒同学们，要养成健康的饮食习惯，尽量少吃高盐的薯片。

大部分薯片中油脂的含量为 30% 左右，也就是说薯片中 1/3 是油脂。如此高油、高能量的食品，如果经常吃，不仅会使肠胃消化的负担加重，而且还会让我们长胖。尽管薯片对我们有这么大的吸引力，但它是一种不健康的食品，我们应该尽量少吃，如果想解馋的话，那就尽量买最小包装的享用吧。

10 口香糖可以使口气清新，但能代替刷牙吗

我们都知道，口香糖具有清新口气的作用。但是，有的同学吃口香糖代替刷牙，这样做可以吗？

吃口香糖就不用刷牙了

答案当然是不可以。刷牙的主要目的是清除牙齿表面的牙菌斑。牙菌斑是指黏附在牙齿表面或口腔其他软组织上的微生物群，由大量细菌、细胞间物质、少量白细胞、脱落的上皮细胞和食物残屑组成。牙菌斑与龋齿、牙周病的发生关系密切，甚至可以说牙菌斑是口腔疾病发生的罪魁祸首。它是一种复杂的生态结构，只是靠漱口或用水冲洗的方法不能去除，而刷牙则能利用机械方式破坏牙菌斑的结构，将其从牙面上清除，从而预防牙病的发生，而且正确的刷牙方法，还能促进牙龈的血液循环。

清除牙菌斑

咀嚼口香糖可促进口腔内唾液的分泌，对牙齿和口腔有机械冲洗的作用，因此，口香糖在一定程度上可以清洁口腔。同时，唾液中所含的矿物离子能够缓冲酸性物质，促进牙齿的再矿化。但有研究表明，咀嚼口香糖只能减少口腔内细菌量的 40%，而刷牙可使细菌量减少 70%。如果经常用嚼口香糖来代替刷牙，则会导致牙菌斑长期不能得到有效清除。唾液中的矿物离子会将牙菌斑矿化形成牙石，而牙石上面极易附着细菌，导致龋齿和牙周疾病的发生。

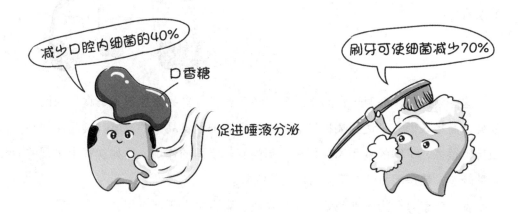

所以说，要想拥有健康的牙齿，应保证每天至少彻底清洁牙齿 2 ~ 3 次，如果条件允许，最好做到每餐后都能刷牙。此外，咀嚼口香糖时也要注意，以每次咀嚼 15 分钟为宜。因为长时间的咀嚼会使人反射性地分泌大量胃酸，在空腹情况下会引起食欲不振、反酸等不适，长期下去还可能诱发胃溃疡和胃炎等疾病。

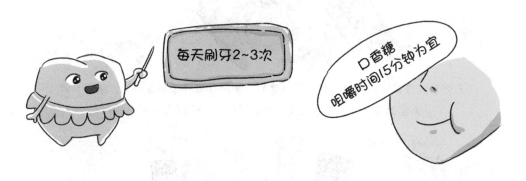

11 因为饮料中含色素所以不能多喝吗

当我们走进超市，看到五颜六色的饮料。我们不禁好奇，这些颜色是从哪里来的呢？

这些颜色呀，来源于食品添加剂。顾名思义，食品添加剂不是食品的固有成分，而是人们为了达到某种目的，人为地添加到食品中的物质。食品添加剂的种类很多，不同的食品添加剂在食品中起着不同的作用，比如饮料中呈现的各种颜色，就是因为添加了食用色素的缘故。

食用色素可分为天然色素和化学合成色素两类。天然食用色素一般较为安全，主要是从动物、植物、微生物（培养）中提取的；化学合成食用色素是人工合成色素，因为化学合成色素价格较为低廉、色彩鲜艳、着色力强、颜色多样，因而被广泛应用。

天然食用色素：叶黄素（来自万寿菊）、番茄红素（来自番茄）、胡萝卜素（来自胡萝卜）、辣椒红素（来自辣椒）、虾红素（来自虾壳）

化学合成食用色素：苋菜红、柠檬黄、靛蓝、新红

如果化学合成食用色素使用不当，会对人体产生危害，其毒性及危害的大小当然与食用量有关。所以，含有色素的饮料不能多喝是有道理的。

我国允许使用的化学合成食用色素有：苋菜红、胭脂红、赤藓红、新红、柠檬黄、靛蓝、日落黄、亮蓝。允许使用化学合成色素的食品种类有：果味水、果味粉、果子露、汽水、配制酒、糖果、糕点上的彩装、罐头等。

果味水　果味粉　糕点上的彩装

允许使用化学合成色素的食品种类

果子露　罐头

汽水　配制酒　糖果

12 无糖可乐真的无糖吗

很多同学都喜欢喝可乐，但是父母经常会说可乐含糖量高，不能多喝。这让喜欢喝可乐的同学们很烦恼。于是，他们想到了无糖可乐，味道和普通可乐很相近，而且含糖量很低。那么，无糖可乐是不是就可以多喝呢？

我的优势就是无糖

答案当然是不可以！可乐中的糖是我们不喜欢的，而无糖可乐中是用了木糖醇、山梨醇、甘露醇、甜菊素和阿斯巴甜等作为甜味剂代替了糖分，从而减少了无糖可乐的含糖量，所以无糖可乐的能量也降低了。目前看来，无糖可乐中的这些代糖成分也是比较安全的。但是无糖可乐和普通可乐一样，都是碳酸饮料，如果我们的牙齿长期接触其中的碳酸，牙釉质就会受到损伤，容易导致蛀牙的发生。

尽量少喝可乐，包括无糖可乐！

代糖成分：木糖醇、山梨醇、甘露醇、甜菊素和阿斯巴甜等

研究人员建议饮用可乐等碳酸饮料时，应该尽量使用吸管，这样可以减少可乐与牙齿的直接接触，并且应在饮用后及时用含氟的漱口水漱口，以减少对牙齿的损害。喝了无糖可乐，同样应这样做。

含氟漱口水

总之，为了保护牙齿，我们应该尽量少喝碳酸饮料。从这一点来说，无糖可乐和普通可乐一样，都不能多喝。

少喝碳酸饮料

无糖可乐

可乐

13 珍珠奶茶里的 "珍珠" 是什么

珍珠奶茶里面的"珍珠",又叫作"粉圆",是由木薯粉（即淀粉）制作而成的。而粉圆在加入奶茶之前，通常还会先在糖浆中浸泡，确保它们在偏甜的奶茶中，仍可以保持甜味。

目前，珍珠奶茶中的粉圆，根据价格的高低，其成分的品质也不同。例如比较廉价的粉圆，里面多含有淀粉（木薯粉、太白粉、玉米粉）、品质改良剂、焦糖色、香精、瓜尔胶、调味剂、防腐剂（主要是山梨酸）。

实际上，木薯淀粉的弹性根本做不到这么好，一般合理的方法是在其中加入小麦蛋白，来增加粉圆的口感。但一些不法厂家为了节省成本，把人工合成的高分子材料添加进去，以得到较好的弹性，这样的"珍珠"吃多了，对身体健康十分不利。

此外，珍珠奶茶中的反式脂肪酸、色素、食用香精香料、香精等还会不同程度地伤害我们的健康。长期饮用奶茶，还有可能引发身体的不适或疾病。因此，同学们还是尽量少喝奶茶为好。

珍珠奶茶里含有的反式脂肪酸、色素、食用香料和香精，均对健康有害。萌萌你还是少喝点吧。

14 晚上学习时困了，可以喝点咖啡或茶水提提神吗

　　马上要面临期末考试了，功课繁重，复习紧张，晚上挑灯夜战，觉得又累又困，这时你可能会想到喝点咖啡或者茶水来提神，但这种做法是否可取呢？

　　我们先来了解一下咖啡和茶为什么能提神吧。咖啡和茶中都含有一种叫作"咖啡因"的物质，它是一种中枢神经系统的兴奋剂，因此具有提神的作用。一般来说，咖啡因在咖啡中的含量比在同体积茶中的含量要高一些，所以从这个意义上来讲，喝咖啡的"提神"效果更好。

那么，当我们晚上学习时，如果依靠饮用咖啡或茶水来提神，摄入的咖啡因会对之后的睡眠产生不良影响，因为即使是摄入咖啡因 5 个小时之后，也会出现入睡困难、易醒、睡眠质量差等睡眠障碍。因此，用咖啡或茶水提神的做法是不妥的。

如果晚上学习时困了，我们可以用冷水洗洗脸，或者站起来做一些简单的运动，还可以用听听音乐、稍事休息等方式来放松。如果需要用咖啡或茶来提神，建议在早餐或午睡后，这样既能够保证提高学习效率，又不影响睡眠。

总之，对于咖啡或者茶水，我们应该以"能不喝则不喝，如果喝则要尽量少喝"为原则，以防影响我们健康成长。

15 考试前睡不着，哪些食物可以助眠安神呢

　　充足的睡眠可以保证同学们考试时正常发挥，但是由于精神因素的影响，有些同学往往会出现考前失眠的现象。下面我们来看看哪些食物可以帮助我们安然入睡。

牛奶：牛奶含有色氨酸，能起到安眠的作用。因为色氨酸能促进大脑神经细胞分泌出使人困倦的五羟色胺。而且，饮用牛奶的温饱感也增加了助眠效果。

核桃：核桃补益大脑，可以调节神经衰弱，对失眠、多梦、健忘有改善效果。

葵花子：葵花子含有亚油酸、多种氨基酸和维生素等营养物质，能调节人脑细胞的正常代谢，提高神经中枢的功能，起到安神的作用。

小米：除含有丰富的营养成分外，小米中色氨酸的含量为谷类之首。中医学认为，它有健脾、和胃、安眠的功效。

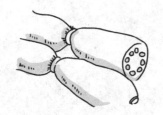

鲜藕：藕中含有大量的碳水化合物、丰富的矿物质和多种维生素，具有清热、养血、除烦的功效。

燕麦：燕麦能诱使身体产生褪黑素，从而促进睡眠。

杏仁：既含有色氨酸，又含有适量的肌肉松弛剂——镁。

香蕉：不仅能平稳血清素和褪黑素，而且香蕉中还含有可让肌肉松弛的镁元素。

莲子：清香可口，具有补心益脾、养血安神的功效。近年来，很多生物学家证实：莲子中含有的莲子碱、芳香苷等成分具有镇静作用，食用后可促进胰腺分泌胰岛素，并且可增加5-羟色胺的供给量，促使人入睡。

2 营养搭配你做对了吗

16 用饮料来代替白开水可以吗

夏天天气炎热，很多同学上完体育课后喜欢去买冰镇饮料喝，觉得冰镇饮料味道甜美，喝了之后清凉舒爽，而不喜欢喝白开水；冬天天气寒冷，一些同学则喜欢买奶茶等热饮来喝，也很少喝水。那么，像他们这样，用饮料代替白开水可以吗？

我们先来了解一下常喝的饮料吧。

1 市售饮料一般都含糖较多（可达5%～10%，这样一瓶饮料就含有25～50克糖了），还含有色素等多种食品添加剂，酸酸甜甜的，喝的时候解渴，之后反而会更口渴。

2 通常当机体血液内的糖分（血糖）降低到一定程度时，我们会产生饥饿感而引起食欲。若喝了过多的含糖饮料，能量较高，会使血糖总是维持在较高水平，血糖不降低就不会出现饥饿感，也就没有食欲，这样就会导致我们对其他营养素的摄入减少，从而影响身体发育。

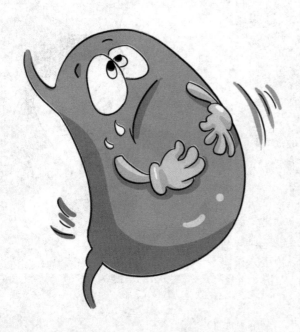

4 另外，若饮用冰镇饮料，当冷的饮料进入胃内，可使胃黏膜血管收缩，使胃液和胃酸分泌减少，也会影响消化吸收和胃液的杀菌作用。

3 不仅如此，喝过多的饮料会稀释胃内的消化液和降低酸度，从而影响消化吸收功能。

再来看看白开水都有哪些好处。水是我们身体的主要成分，人体每天通过尿液、排便、皮肤蒸发和呼吸排出的水分，需要通过饮水、食物中的水来补充。白开水是最符合人体需要的饮用水，具有许多优点。自来水煮沸后，既洁净无菌，又能使过高硬度的水质得到改善，还能保持原水中的某些矿物质不受损失，而且经济实惠，饮用方便。

含糖饮料看似是水，但如果长期大量饮用可能造成青少年龋齿，还可能与肥胖、2 型糖尿病、痛风等慢性病的发生相关。因此，我们应该每天喝足量的白开水，尽量少喝或不喝含糖饮料，不要把饮料当"水"喝！

17 剧烈运动后，该怎么补水

大口灌就能迅速补水吗？

不少人刚运动完就立刻拿起水瓶咕噜咕噜喝起来，憋得连气都喘不过来，这样很危险。因为运动后身体还处于兴奋期，心跳速度还没有马上恢复平缓，短时间内大量液体进入体内会增加心脏负担，同时会导致尿量和出汗量明显增加，达不到补水效果。应在尽量保持饮水速度平缓的情况下，间歇式地分多次喝，这样才能让身体有序地、充分地吸收水分。因此，无论是运动前还是运动后，我们都要遵循积极主动和少量多次的饮水原则。

补水总量
不超过800毫升

跑道

饮水量有讲究吗？

为防止运动性脱水对健康的损害，补水的总量应大于缺水总量。研究指出，运动后的补水量至少要达到汗液丢失量的150%，才有利于恢复体内高水合状态，只要补水方法正确，不会对人体造成危害。由于个体差异，具体的补水量要根据运动时的出汗量而定。一般补水总量不超过800毫升。

喝矿泉水好还是饮料好？

如果运动时间在 60 分钟以内，补充矿泉水即可。如果运动时间大于 60 分钟，需要补充含电解质和糖分的饮料，以促进血容量的恢复。但不可大量饮用含糖饮料，以防血浆渗透压急剧升高。

矿泉水

含电解质和糖分的饮料

喝哪种好？

运动60分钟以内

运动超过60分钟

可以喝冰镇饮料吗？

有的同学喜欢运动后来一瓶冰镇饮料，既解渴又降温，冰爽刺激。但研究指出，短时间内喝过凉的饮料会刺激食管、胃、肺、心脏等内脏器官，引起胃肠平滑肌痉挛，血管突然收缩，造成胃肠功能紊乱，导致消化不良，影响营养物质的吸收。所以运动后，特别是剧烈运动后，一定不要喝冰水或过冷的饮料。

运动后不要喝冰镇饮料

不喝

18 直接吃水果还是榨汁喝，哪个更好

　　水果中富含多种维生素、矿物质、膳食纤维等营养成分，具有补充维生素、减肥瘦身、保养皮肤、明目、排毒、促进消化等作用。有些同学觉得果汁和水果的营养是一样的，把水果榨成果汁喝更方便，而且市售的果汁产品有更多的选择。这种想法对吗？直接吃水果好，还是榨汁喝好呢？

　　表面上看来，果汁是由水果榨汁而成，然而，果汁中的营养和水果相比有很大差距，喝果汁不等于吃水果，不可以把两者混为一谈。将水果榨成果汁的过程中，会使水果中的很多营养成分（如一些易被氧化的维生素）被破坏，水果中的不溶性纤维也随榨汁后的残渣被丢弃了，导致果汁中只保留了水果中的一部分营养成分，如维生素、矿物质、糖分和膳食纤维中的果胶等。值得一提的是，果汁中基本不含有膳食纤维，这会使水果原本的营养价值大打折扣。而市售的果汁产品，为延长保质期和改善口感，往往还会经过高温灭菌，并加入甜味剂、防腐剂等食品添加剂，营养价值更低。

另外，常喝果汁容易造成我们的牙齿缺乏锻炼，使面部皮肤肌肉力量变弱，可能造成咀嚼无力，下颚不发达，牙齿排列不整齐，上下牙齿咬合错位等，影响身体健康。

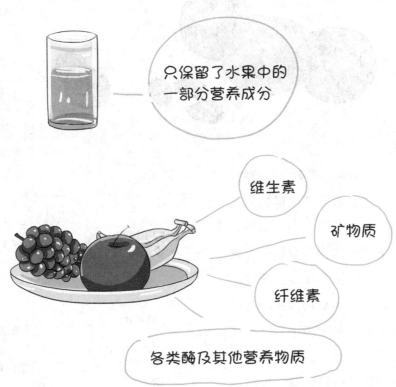

只保留了水果中的一部分营养成分

维生素

矿物质

纤维素

各类酶及其他营养物质

因此，要想最大限度地吸收利用水果中的营养，还是吃水果更直接，如果特别想喝果汁，可以自己做鲜榨果汁喝，现榨现喝，果渣最好也一起吃掉。

19 怎么吃能更好地发挥 西红柿的抗氧化能力

西红柿有大西红柿、黄西红柿、圣女果、樱桃西红柿等不同品种，每种口感都很好，营养也很丰富，即可生吃又可熟吃，是餐桌上常见的美味。

西红柿含有丰富的碳水化合物、胡萝卜素、维生素 C 等，矿物质元素中以钾的含量较高。西红柿所含的胡萝卜素在人体内可以转化为维生素 A，对防治眼干燥症、夜盲症及某些皮肤病有很好的效果。西红柿中的维生素 C 和胡萝卜素还是抗氧化剂，具有抗炎、延缓衰老的作用。同时，西红柿还含有一种特殊物质叫番茄红素，具有独特的抗氧化能力，能清除自由基，保护细胞膜。此外，西红柿还含有丰富的有机酸，可帮助消化，调整胃肠功能，降低胆固醇。

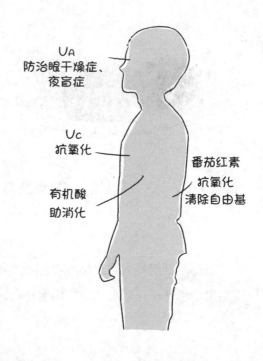

UA
防治眼干燥症、夜盲症

Uc
抗氧化

番茄红素
抗氧化
清除自由基

有机酸
助消化

在我们的日常生活中，西红柿的吃法多种多样，如洗净后直接生吃、凉拌（加糖）、榨汁、炒菜（如西红柿炒鸡蛋）、做汤（西红柿蛋汤）等，可根据个人喜好选择食用方法。

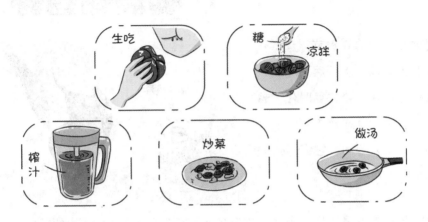

那么，西红柿是凉拌吃好，还是炒熟了吃更好呢？

由于西红柿中含有的番茄红素具有脂溶性质，有实验证明，西红柿在烹饪加热过程中破坏了细胞的细胞壁，从而增加了番茄红素和其他抗氧化物质的释放。此外，烹饪西红柿所加的油脂也有利于脂溶性的番茄红素和其他抗氧化物质从细胞中溶出，更有利于人体吸收，充分发挥抗氧化物质活性。但是，西红柿经烹饪后维生素C的确会有些损失。膳食中如果有其他来源的维生素C供给，最好还是吃炒熟的西红柿。

20 蔬菜汤包里的脱水蔬菜有没有营养

脱水蔬菜又称复水菜，是将新鲜蔬菜脱去大部分水分后制成的一种干菜。在现在这个快餐时代，越来越多的脱水蔬菜在超市和网上销售。因此，有人会问，它们能代替新鲜蔬菜吗？

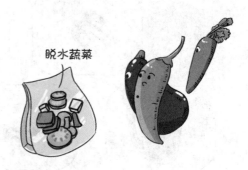

脱水蔬菜

脱水蔬菜大多采用现代脱水技术制成，和新鲜蔬菜相比，脱水蔬菜具有体积小、重量轻、入水便会复原、运输与食用方便等特点。不同的脱水干燥方法对蔬菜的营养成分、色泽和口味的影响较大。

不同的加工方法对脱水蔬菜营养成分、色泽口味的影响较大。

脱水蔬菜

体积小
重量轻
入水复原
运输方便
使用方便

目前，工业化的脱水蔬菜生产主要采用热风干燥脱水和真空冷冻干燥脱水两种技术。其中，真空冷冻干燥脱水能最大程度地（但并非完全）保留新鲜蔬菜的色、香、味、形，加水后又能快速复原。但由于真空冷冻干燥脱水成本高，我国90%的脱水蔬菜都是热风干燥产品。

真空冷冻干燥脱水技术

无论采用何种技术，都存在营养流失的问题。新鲜蔬菜经过脱水加工，残留的水分仅相当于原来的5% ~ 10%。同时，维生素C、胡萝卜素、硫胺素、核黄素和叶酸等水溶性维生素及抗氧化成分（蔬菜提供给人体最重要的营养成分）也会大量流失。脱水蔬菜在热风干燥过程中，还会有大量对热敏感的营养活性成分（如维生素、植物多酚等）被破坏。

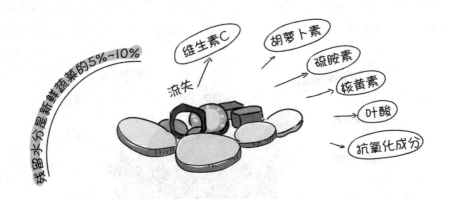

因此，脱水蔬菜虽然食用起来十分方便，但同学们不宜常吃，还是应该多吃新鲜的蔬菜。

21 不爱吃蔬菜，可以用水果代替吗

家长和老师们经常会对我们说要多吃蔬菜和水果，这样才会有健康的身体。但是，有些同学觉得蔬菜没有味道，不喜欢吃，而水果香甜可口，更喜欢多吃一些。那么对于这些不爱吃蔬菜的同学们，可以多吃水果来代替吗？

事实上，水果是不能代替蔬菜的。这是因为蔬菜和水果的营养价值各有特点。

首先来说说蔬菜。蔬菜含水分多，能量低，且富含植物化学物质，是提供维生素、矿物质、膳食纤维和天然抗氧化物的重要来源。新鲜蔬菜一般含有65% ~ 95% 的水分，且大多数蔬菜的含水量在90% 以上，还含有维生素、半纤维素、糖类、淀粉、果胶等成分，并且是一类低能量的食物，同时它也是胡萝卜素、维生素 B_1、维生素 B_2、维生素 C、叶酸、钙、铁、磷、钾的良好来源。

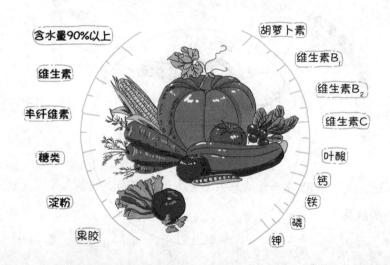

水果含有较多的糖类和有机酸，其中有机酸能刺激人体消化腺的分泌，增进食欲，有利于食物的消化，并对维生素C的稳定性有保护作用。另外，水果还含有多种丰富的膳食纤维，能促进肠道蠕动。其中果胶不仅具有降低胆固醇的作用，还能与肠道中的有害物质（如铅）结合，有利于其排出体外。

一般来说，蔬菜品种远远多于水果，而且多数蔬菜（特别是深色蔬菜）的维生素、矿物质、膳食纤维和植物化学物质的含量高于水果。而水果中碳水化合物、有机酸和芳香物质的含量比新鲜蔬菜多，而且水果食用前不用加热，营养成分不受烹调因素的影响。

《中国居民膳食指南（2016）》推荐我们每天应吃新鲜蔬菜300～500克，水果200～350克。其中深色蔬菜，如菠菜、油菜等深绿色蔬菜，胡萝卜、西红柿等橘红色蔬菜，还有紫甘蓝、红苋菜等紫色蔬菜，应占蔬菜摄入总量的二分之一以上。

22 煲完鸡汤的鸡肉还有营养吗

鸡汤，是个好东西。我们通常认为它能够补益身体，"累了、虚了，来碗鸡汤"，我们早已司空见惯。那么，从营养角度出发，煲完鸡汤的鸡肉还有营养吗？

从现代科学的观点来看，鸡肉中的主要营养物质是蛋白质，其他的成分还有脂肪、维生素和钙等矿物质。在炖鸡肉的过程中，脂溶性的香味物质溶解在了脂肪中，并伴随脂肪进入汤里；水溶性的香味物质自然而然地溶解到了汤汁里。这么多香味物质溶解在鸡汤里，这鸡汤能不好喝吗？但是，鸡肉中的蛋白质只有一小部分溶到了鸡汤里，很难超过总数的10%。如果只喝鸡汤，不吃鸡肉的话，相当于扔掉了90%以上的蛋白质。

为什么鸡汤里的鸡肉不好吃呢？这就得提到炖鸡汤的过程中加盐的问题了。盐的加入会促进蛋白质的溶解，增加鸡汤中的蛋白质含量。但另一方面，盐的加入，会导致肉脱水，使鸡肉变得干涩，失去了滑嫩的口感。这也是炖完鸡汤的鸡肉不好吃的原因。因此，炖鸡时正确的放盐方法是，将炖好的鸡汤降温至80℃~90℃时，再加入适量的盐，这样鸡汤中的鸡肉口感最好。

从物质能量守恒的角度来说，鸡肉中的营养成分是一定的。加热过程不能生成新的营养成分，长时间加热倒是有可能破坏某些营养物质。但最重要的成分蛋白质，只有一小部分在鸡汤中，大部分还是留在鸡肉中。

因此，最佳吃法当然是既喝汤，又吃肉，但要注意控制盐的用量和加入的时间，尽量保持鸡肉的鲜美。如果只能二选一，那么要美味，喝鸡汤；要营养，吃鸡肉。

23 每天喝多少毫升牛奶最好

我们都知道，牛奶营养丰富，多喝牛奶对于我们的健康成长十分重要。但有些同学的家长会让他们每天早、晚各喝一大杯牛奶，认为牛奶喝得越多越好。真的是这样吗？每天喝多少牛奶、什么时间喝最好呢？

为了保证身体健康，每天需要摄入均衡、多样、充足的营养，但摄入量能满足身体需要就好，因为摄取过多的营养反而会对身体产生不好的影响。比如，喝太多牛奶会使我们有饱腹感，进而会影响我们的食欲，影响正常饮食的摄入。而牛奶中铁的含量较少，若长期喝过多的牛奶，从其他食物补充铁的概率也相对减少，导致铁元素的缺乏，从而引发贫血。另外，大量牛奶进入体内，会增加胃肠负担，损害消化系统。牛奶中含有脂肪，喝大量牛奶也会使脂肪过多地被摄入，容易导致肥胖。

根据《中国居民膳食指南（2016）》的推荐，每人每天应喝奶300毫升，或摄入相当量的奶制品。晚上睡觉时，血液中的钙水平逐渐下降，为了维持血钙的平衡，身体就会从骨骼这个"钙库"中调用一部分钙，睡前喝牛奶不仅可以"血中送钙"，而且还可以消除紧张情绪，有很好的助眠作用。

24 豆浆和牛奶哪个好

首先我们来看看牛奶和豆浆营养成分的 PK 情况。

蛋白质：豆浆的蛋白质含量为 1.8%（按大约 1∶20 的豆水比例）；国家规定市售纯牛奶的蛋白质含量要 ≥ 2.9%，我们买到的牛奶一般蛋白质含量在 3% 以上。两者的蛋白质均为优质蛋白，容易被人体消化吸收。

脂肪：全脂牛奶的脂肪含量约 3%，半脱脂奶里的脂肪约 1.5%，全脱脂奶在 0.5%以下。不过全脱脂奶的味道寡淡，在脱去脂肪的同时也会脱去其他脂溶性的营养素。

豆浆的脂肪含量为 0.7%，明显比全脂牛奶低。

我的脂肪含量0.7%

全脂牛奶脂肪含量约3%
半脱脂牛奶脂肪含量约1.5%
全脱脂牛奶脂肪含量为≤0.5%

维生素：B 族维生素是中国人普遍容易缺乏的维生素，牛奶是 B 族维生素的良好来源，特别是维生素 B_2。从牛奶中分离出来的乳清呈现出淡淡的黄绿色的就是维生素 B_2 带来的。牛奶中的维生素 D 可以促进钙的吸收，这也是我们推荐喝牛奶补钙的原因。

而豆浆中的维生素含量相对比较低，而且不含有维生素 A 和维生素 D。在维生素含量这一项上，牛奶获胜。

从以上几点分析来看，貌似牛奶的营养价值更高一些，是不是这就说明牛奶比豆浆好呢？并不一定。下面再来看看豆浆有什么特别的优势吧。

首先，豆浆中含有大豆异黄酮、大豆皂苷、植物固醇、大豆低聚糖、大豆多糖等多种有益健康的成分。而且含有少量的胡萝卜素和维生素 E，具有一定的抗氧化作用。其次，豆浆不含胆固醇、饱和脂肪，能量低。如果将豆浆的副产品豆渣也吃掉，还可增加相当数量的膳食纤维的摄入，对促进肠道蠕动、缓解便秘很有好处。

牛奶和豆浆到底哪个好呢？

从上面的对比可以看出，其实牛奶和豆浆各有优点、各有劣势，它们在营养上各有特点，口味也各不相同，没有好坏之分。

建议大家不要过分地抬高或贬低某一种食物，应该在合理选择的基础上，适量饮用。如果两者都喝一些，则更好。如果不喜欢单一的牛奶或豆浆的味道，还可以把它们混合在一起做成豆奶来喝，味道也是相当不错的。

25 溏心蛋和全熟蛋哪个更好

首先，在营养方面，溏心蛋和全熟蛋差别不大，不必纠结。

许多人认为，加热会破坏营养，所以鸡蛋煮老了就"没有营养了"，这是一个误区。鸡蛋为我们提供的主要营养是蛋白质，此外还有比较丰富的矿物质和一些维生素。

1

加热后更易被消化

加热不会破坏蛋白质，反而有助于蛋白质的消化吸收。

蛋白质消化的过程，就是胃肠中的蛋白酶把蛋白质大分子切成小片段，直到成为氨基酸的过程。一方面，鸡蛋中有蛋白酶抑制剂，会降低消化液中的蛋白酶活性，影响消化。经过充分加热，蛋白酶抑制剂被破坏，鸡蛋中的蛋白质就更容易被消化。另一方面，蛋白质被加热变性，分子结构更加伸展，也有利于蛋白酶发挥作用。

鸡蛋中的矿物质不会受加热的影响。

不管是溏心蛋，还是全熟蛋，都不影响鸡蛋中矿物质的吸收。

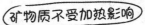
矿物质不受加热影响 **2**

溏心蛋

全熟蛋

3

维生素含量相差不大

溏心鸡蛋和全熟鸡蛋中的维生素含量差别并不大。

维生素对于温度比较敏感，在加热过程中的确会损失一部分。不过，比较溏心鸡蛋和全熟鸡蛋的维生素含量会发现，两者差别并不算大。

溏心鸡蛋　全熟鸡蛋

其次，在安全方面，全熟蛋占有一定优势。

鸡蛋中或多或少含有一些沙门菌，只有当鸡蛋的中心温度达到 70℃时才能杀灭沙门菌，只要蛋黄呈完全凝固状态，就说明已经到达这个温度了。溏心蛋的蛋白凝固了，而蛋黄没有凝固，说明没有达到杀灭沙门菌的温度。如果正好碰上了被污染的鸡蛋，就只能自求多福了。而全熟蛋的蛋黄完全凝固，说明鸡蛋中心也达到了杀灭细菌的温度。所以，全熟蛋更安全。

26 要注意食物中看不到的盐

世界卫生组织建议，每人每天盐摄入量不应超过6克，对未成年人来说尤应如此。要注意的是6克盐指的是我们一天所进食的所有食物中的盐含量，而不仅仅是指做饭时"食盐"的添加量，许多食物中都含有"隐形盐"，不能忽略这些看不到的盐。

世界卫生组织建议，每人每天盐摄入量不超过6克

比如，常见的调味品中都含有盐的成分，味精、鸡精、食醋、番茄酱、沙拉酱、蚝油、豆瓣酱，都是含盐的。咸菜、咸蛋、火腿、香肠、腌肉等食品，在腌制过程中都需要添加大量的盐。另外，像饼干、面包、牛肉干、薯片等零食中，也会添加含钠的食品添加剂，这些对身体而言都是"盐"。

我们都含有盐哦

为了控制盐的摄入，平时要做到清淡饮食，烹调食物时少加盐，还要少购买高盐的加工食品。因为高盐的食物对孩子身体健康的影响很大，可能损伤肾脏等器官的正常功能。对于习惯重口味的人来说，可以在烹调时改用葱、姜、蒜等调料提味，有助于增加食欲。

少盐
改用葱、姜、蒜提味
还可尝试放些柠檬汁

酸味是咸味的增强剂，而甜味是咸味的减弱剂。所以烹调时要尽量少放糖，可以尝试放些柠檬汁，让咸味更明显，而其实用盐量并没有增加。

烹调手法上，可以尝试在食物出锅前再加盐调味。饭后不要用炒菜的菜汁冲汤食用。

在购买加工食品时，可以多留意食品营养标签上钠的含量，这其实是"隐形的盐"。

薯片

营养成分表		
项　目	每100克	比例
能　量	2178千焦	26%
蛋白质	6 克	10%
脂　肪	29 克	48%
反式脂肪	0 克	-
碳水化合物	59 克	20%
钠	562 毫克	28%

这也是"隐形的盐"哦

27 只拿蛋糕、饼干当早餐好吗

蛋糕、饼干因其独特的口感、香甜的味道和食用的便利性受到同学们的青睐。但是早餐只吃蛋糕、饼干真的好吗？

蛋糕和饼干的主要原料包括面粉、油、糖、鸡蛋等，外加一些辅料、添加剂如奶油（多为人造奶油，即氢化植物油）、食盐等，能量高但优质蛋白含量不够，维生素、矿物质及膳食纤维等营养素更是欠缺，不能全面地提供给我们身体所需要的各种营养，同时它的高能量会增加发生肥胖的风险。蛋糕和饼干中含有大量的碳水化合物，属于典型的精制碳水化合物，其吸收快，而且会使血糖升得过快、过高，但在 2 ~ 3 小时后血糖会迅速下降，这样会使我们再次觉得饿。久而久之，可能会引起身体糖代谢紊乱，甚至诱发 2 型糖尿病。

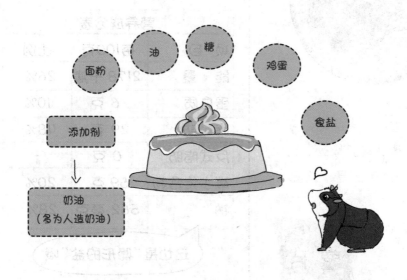

营养全面的早餐

早餐是一天中最重要的一餐，因此要保证营养全面。一定要包括主食（最好增加点粗粮），以维持血糖持久的稳定，避免出现低血糖、注意力不集中、学习效率下降等现象。同时也要保证优质蛋白质、水果蔬菜（维生素、矿物质和膳食纤维）及坚果类（脂肪、维生素、矿物质）的摄入，以确保营养全面，满足我们生长发育的需要。

因此，天天只拿饼干与蛋糕当早餐的做法不可取，会造成营养不均衡。同学们应选择多种食物相互搭配，以保证能量适中且摄入充足的优质蛋白。如果早餐吃蛋糕、饼干，那么最好搭配其他食物同食。

28 零食有"好坏"，我该怎么选

说到零食，你会想到哪些呢？薯片、棒棒糖、巧克力、瓜子……大家肯定能说出很多种，但平时能随意吃零食的同学应该并不多，大部分家长都会限制孩子吃零食。那么，零食是不是一定都不能吃呢？其实并不是。不是所有的零食都不好，有很多营养丰富的零食还可以补充我们身体每天所需的能量和营养素。

哪种零食更好呢？

牛奶 牛奶

瓜子

薯片

巧克力

首先，我们看看哪些食物属于零食。在非正餐时间食用的各种少量的食物和饮料（不包括水）都属于零食，除了薯片、饮料和各类糖果等我们认为"不好"的高油、高糖的零食外，我们在课间或者晚饭后吃的水果、酸奶、牛奶、开心果、核桃等也都是零食，而且这些食物营养价值高、易消化，是零食的最佳选择。新鲜的水果中含有多种维生素、矿物质和膳食纤维，奶类富含蛋白质和钙，花生、瓜子等坚果含有较多的脂肪和蛋白质，这些都是有益于身体健康的食物。这些"好"的零食，可以作为正餐之外的营养补充。

知道我们应该选择哪些零食了，还要记得需要"限时限量"吃哦！吃零食的时间不要离正餐太近，也不要一次吃太多，零食吃太多，必然会影响吃饭的胃口和进食量；为了肠胃的健康，在看电视时不要吃零食；而且睡前半小时也不要再吃东西了，这样在你睡觉时，胃才能好好地休息，为第二天的消化工作做好准备。

需要注意的是，吃完零食最好漱口，睡觉前记得认真刷牙，这样能保证牙齿的健康，牙好胃口才好，吃得香身体才能长得壮。

29 为了美，像女明星那样只吃素食好吗

从理论上来说，我们可以在素食中获得几乎所有的营养成分。但是，人体所需的大部分营养成分在动物性食物中含量丰富，在植物中则不常见。此外，多数植物性食物所提供的营养成分比较单一。因此，如果要实现营养全面均衡，还是要注意食物的多样性和营养搭配。

肉

蔬菜

吃素会变瘦吗？

荤素搭配营养才全面

蔬菜

肉

肉

　　长期只吃素食有可能缺少蛋白质的摄入。我们摄取蛋白质，是为了满足身体对氨基酸的需要，而肉、蛋、奶中的蛋白质在氨基酸组成上与我们身体的需求最为接近，更容易被消化。微量元素铁和锌也通常是肉中富含的成分。所以，只吃素食，不吃肉，相当于切断了人体"进口"蛋白质、铁、锌的主渠道。

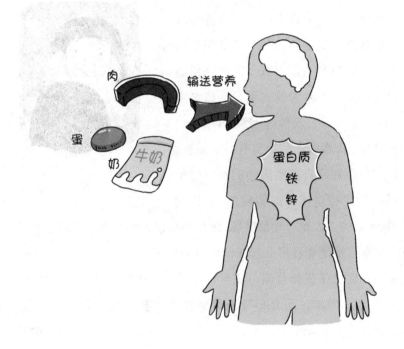

　　也许你会说，吃大豆也能补充蛋白质，吃蔬菜和谷类也能补充锌和铁，但是有一样物质它几乎只存在于动物性食物中，那就是维生素 B_{12}。它是红细胞生成不可缺少的重要成分，如果严重缺乏维生素 B_{12} 会导致恶性贫血。长期吃素食，可能会导致疲倦乏力、皮肤和头发缺乏光泽，反而不美了。

　　虽然素食看似更健康，更有利于可持续发展，但是对于正处在生长发育阶段的青少年来说，还是杂食更好些。更何况，真正的美是由内而外的，需要内外兼修。平衡膳食，加强锻炼，培养健康的生活方式才是变美的不二法则！

30 长了青春痘，应该怎样注意饮食

青春痘即痤疮，是一种好发于毛囊皮脂腺的慢性炎症性皮肤病，多发于青春期，它主要与皮脂分泌增多，毛囊口上皮细胞角化亢进及毛囊内痤疮丙酸杆菌大量繁殖有关，也有一定的遗传因素。皮脂腺的发育受雄性激素的支配，而雄性激素的增长受年龄、内分泌、遗传等因素影响。

除了上述因素，青春痘还和饮食有一定关系。相信绝大多数深受青春痘折磨的同学们都有过类似的经历，那就是"每逢佳节必冒痘"。节日期间，各类色香味俱全的"大餐"轮番登场，饭后还有诱人的甜点来助兴。殊不知，高脂和高糖的饮食可都是青春痘此起彼伏的重要诱因。

高糖饮食不仅促进了皮脂合成，还可以使我们体内的游离胰岛素样生长因子 –1（IGF–1）分泌增加，而 IGF–1 既能促使毛囊皮脂腺导管角化过度，还能影响雄激素受体活性而增加皮脂分泌。上皮细胞混合在一起，形成奶酪样的杂质，从而堵塞毛囊口形成了痤疮。食物中的必需脂肪酸有助于维持皮脂膜正常的物理特性，而过多地摄入动物油、高脂食物不能补充必需脂肪酸，引起皮肤皮脂膜的脂肪酸成分发生变化及表皮高度角化，进而促使痤疮的发生。

此外，牛奶是近年来研究发现与痤疮相关的一种饮品，因其含有雌激素、孕激素及许多活性雄激素前体，而其中一些则可能与痤疮的发生有关。

皮脂分泌增加　　　　　堵塞毛孔　　　　　形成痤疮

水果、蔬菜及富含维生素 A 的食物具有改善痤疮的作用。这可能与水果蔬菜中含有丰富的维生素 C、维生素 E 和 β – 胡萝卜素有关，其中维生素 E 与维生素 C 可保护多不饱和脂肪酸免受氧化破坏，维持皮脂膜的正常结构，而 β – 胡萝卜素则能转变为维生素 A，维持上皮组织的正常功能，调节皮肤角化过程，从而减少痤疮的发生。

青春痘是青春期较为常见的一种表现，同学们应该重视，但不必过于担心。平时注意养成良好的生活饮食习惯，有助于早日"战痘"成功。

水果、蔬菜及富含维生素A的食物有改善痤疮的作用

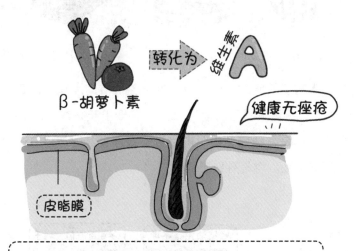

β – 胡萝卜素可转变为维生素A，维持上皮组织正常的功能，调节皮肤角化过程，减少痤疮发生。

31 学习学到很晚，可以吃点夜宵吗

对于学生来说，难免会学习到很晚。有时候晚上 10 点钟以后就会感到饥肠辘辘。有些同学饿了就去夜市买小吃，如烤串、炸鸡排等；也有些同学喜欢找点零食，如饼干、蛋糕、膨化食品、巧克力等；一些女同学则选择用水果当夜宵。那么，究竟哪些食物适合当夜宵呢？

首先，夜宵要低脂肪，低能量，且营养价值高；其次，要容易消化，不给胃肠增加负担，不影响餐后的学习；然后，不要引起兴奋，最好有利于夜间入睡。但是需要注意的是，睡前 2 小时内尽量不要进食，因为睡前进食，食物所产生的能量不能被消耗，容易导致肥胖。

容易消化，不增加肠胃负担，不影响餐后学习

不引起兴奋，利于夜间入睡

低脂肪，低能量，营养价值高

睡前 2 小时不要进食，容易导致肥胖

健康夜宵的选择原则

从食材选择来说，水果、谷物、豆类和奶类是比较适合做夜宵的食物，因为这些食物的脂肪含量低，容易消化吸收，不会给胃肠带来负担。从烹调方法来说，油炸、烹炒制作而成的食物显然不适合作为夜宵，辣椒、花椒之类令人兴奋刺激的调味品也不适合用于夜宵。而蒸煮制成的夜宵比较理想，调味要清淡，少放盐、糖。从营养成分来说，宜食用水分较大、脂肪较少、以碳水化合物为主的食物，还可以含有少量易消化的蛋白质。

适合做夜宵的食物

夜宵还是应该选清淡、水分大、脂肪少、以碳水化合物为主的食物哦

不适用于夜宵

32 不要暴饮暴食，肠胃受不了

　　过年过节聚餐时心情放松，好吃的也特别多，往往"过完节就胖三斤"。过节增加的体重基本都是暴饮暴食引起的，这样的过节方式肠胃可是受不了的。暴饮暴食可能引发多种肠胃疾病，下面就给大家介绍几种常见的肠胃疾病。

好难受

胀

痛

胃壁变薄

皱襞消失

急性胃扩张：吃入过量的食物时，胃内有大量的气体、液体和食物潴留，可致胃腔过分扩张，胃张力增大，胃壁变薄，皱襞消失，出现腹部突然而持续的剧烈疼痛。开始时以上腹部疼痛为主，当发生胃穿孔后，胃内容物进入腹腔，可迅速引起弥漫性腹膜炎，变为整个腹部的剧痛，严重者可出现休克，甚至死亡。

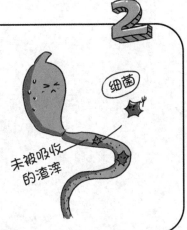

急性胃肠炎：正常情况下，食物在胃里充分消化之后被送到小肠，大部分营养成分被吸收，少部分不能吸收的渣滓被排出体外。一次性吃了大量食物之后，许多食物在胃里没有充分消化就被送到小肠，这些食物对肠壁有极强的刺激作用，易引起胃肠功能的紊乱。而且这些食物残渣非常适合细菌的繁殖，最终会导致"拉肚子"。

细菌

未被吸收的渣滓

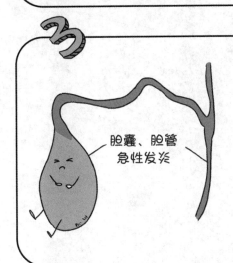

胆囊、胆管急性发炎

急性胆囊炎：聚餐时往往都是高脂食品，消化大量高脂食物时需要分泌大量胆汁，导致胆管压力升高，诱发胆管及胆囊急性炎症，发生胆绞痛，表现为剧烈的右上腹疼痛，可放射至右肩部，伴有大汗淋漓、面色苍白、恶心及呕吐等症状。

　　为了肠胃的健康，聚餐时千万不要暴饮暴食，点菜时注意食物多样，荤素搭配，尽量选择蒸、炖、煮的菜肴，避免煎炸食品和高脂肪菜品，根据聚会人数点菜，少点一些，既可以避免浪费，也可以让大家的肠胃舒舒服服地"过节"。

3 如何守护「舌尖上的安全」

33 发霉的食物还能吃吗

面包忘记吃，储存不当，过几天表面就会"长斑"，很多人觉得直接扔掉很浪费，于是把"长斑"的部分掰掉，只吃余下的部分，这样的做法对吗？为什么面包会长"雀斑"呢？

事实上，上面这种做法是不正确的。面包长"雀斑"是由于霉菌作用引起的。污染面包的霉菌种类很多，有青霉菌、青曲霉、根霉菌、赭霉菌及白霉菌等。当温度、湿度等有利于霉菌繁殖时，污染的霉菌就会迅速繁殖并产生有毒物质，如展青霉素、黄曲霉毒素等，这些毒素会对身体产生较强的危害，不仅刺激胃肠道，而且会对神经、呼吸、泌尿系统产生损害，甚至具有致癌作用。

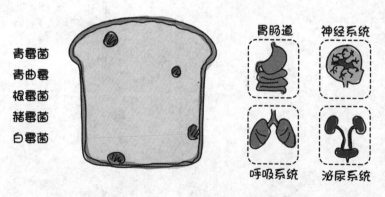

虽然并不是所有的霉菌都是有毒、有害的，但是肉眼很难辨认污染面包的霉菌是否有害。而且一般情况下，一旦食物开始霉变，表面上看没有长霉的那部分也很可能受到霉菌及其分泌的毒素污染，只不过肉眼观察不到而已。

长斑霉变

因此，不论是面包还是其他食物，如果发现它们发霉或变质了，最好是整个扔掉，为了不浪费，提醒大家食品还是现吃现买，同时储存食物时要注意保质期。

不知道有没有发霉呀，要是发霉了就只能扔掉了。

34 罐头的包装为什么放久了会"膨胀"

听型包装胀罐是指铁皮罐有膨胀现象，是罐头变质的重要外部特征。正常的罐头盖应该是平整或呈微凹状，而且没有泄漏现象。当罐内的细菌繁殖，产生了气体，使罐内压力大于空气压力，为了达到内外气压平衡，这时罐头的包装就会发生膨胀,罐头盖的中心部分凸起,罐头的包装就出现了"变胖"的现象。

"变胖"的罐头

如果发现罐头的包装"变胖"了，同学们可要注意，千万不能再食用。因为里面的食物很有可能已经被细菌等微生物污染，引起产品变质，失去了食用价值。如果食用了这些变质了的罐头食物，很有可能引起食物中毒，出现腹痛、腹泻等症状。因此，我们在食用罐头时，要仔细观察外包装，除此之外，还要注意观察包装上的生产日期和有效期。另外，罐头在开盖后很容易造成微生物的大量繁殖，引起变质，失去食用价值。因此，我们建议罐头开罐后尽量一次性吃完，以防止腐败变质，预防食物中毒。

不过，虽然罐头食品可以调剂我们的餐桌，但是，它毕竟不如新鲜食材的营养丰富，大家还是尽量少吃为好。

35 你知道保存期和保质期不一样吗

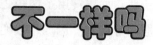

在食品包装上，对于商品的安全食用时间，有的标注的是保质期，有的则是保存期。那么，这两者是一回事吗？

虽然保质期和保存期仅有一字之差，但本质概念和涵义却完全不同。对于这两个涉及我们日常消费的概念，大部分人往往会忽略，或者将两者当成一回事。

食品的保质期指的是最佳食用期，即预先定量包装好的食品在标签指明的贮存条件下，保持品质的期限。在此期限内，产品完全适于销售，并保持标签中不必说明或已经说明的特有品质。超过此期限，在一定时间内，包装内的食品可能仍然可以食用。

食品的保存期则是指推荐的最后食用日期，即预先定量包装好的食品在标签指明的贮存条件下，预计的终止食用日期。在此日期之后，包装内的食品可能不再具有消费者所期望的品质特性，不宜再食用。

对同一产品而言，其保存期应当长于保质期。另外，超过保质期的产品，并不一定意味着其产品质量绝对不能保证了。只能说，超过保质期的产品质量不能保证达到原产品标准或明示的质量条件。

　　保质期是厂家向消费者做出的承诺，保证在标注时间内产品的质量是最佳的，但并不意味着过了时限，产品就一定会发生质的变化。超过保质期的食品，如果色、香、味没有改变，仍然可以食用。当我们购买食品时应根据食品的保质期和自己的食用计划决定购买的数量和存放时间。但保存期则是硬性规定，是指在标注条件下，食品可食用的最终日期。超过了这个期限，食品质量会发生变化，不再适合食用，更不能用以出售。

根据自己的食用计划决定购买的数量和存放时间

36 冷冻食品也需要看保质期吗

冷冻食品是指在 −18℃下冷冻,并在冷冻状态下出售的食品。它们加工方便,制作起来不费时费力,受到很多同学和家长的喜爱。虽然低温储存条件可以抑制大多数微生物的生长繁殖,但这样不能杀灭致病菌,甚至还有利于病原性嗜冷菌的生存。因此,冷冻食品依然存在食品安全问题。

冷冻食品的保质期根据食品种类、冷冻前的处理方法以及冷冻温度的不同而各有差异,不能简单地把冷冻食品的保质期规定为统一的标准,当冷冻食品超过保质期时,一定不要食用,因为过期的冷冻食品有很大危害。

食品超过保质期后，微生物在低温下虽然被抑制，但仍存在一定活性，在生长和繁殖过程中会产生酶类物质，酶类物质进而分解食品中的营养物质，从而造成食品变质和腐败。除微生物外，酶和非酶作用也会导致食品质量下降乃至腐败变质。因此，当食品超过保质期后，由于各种因素的联合作用，极大地增加了食品发生腐败变质的概率。

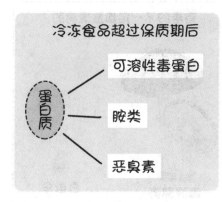

超过保质期的冷冻食品，其蛋白质、脂肪和糖类等物质的分解也会导致营养价值的流失。

因此，食用冷冻食品时也一定要查看保质期。

冷冻食品超过保质期后，蛋白质会分解产生可溶性毒蛋白、胺类、恶臭素等。这些毒素在高温下也很难分解，易造成人体胃肠道感染。除此之外，由于超过保质期的食品易发生腐败变质，因此人食用后，易引起食源性疾病。而某些腐败变质分解产物如组胺等还可引起变态反应。

37 "越美丽的蘑菇越有毒"的说法对吗

人工栽培的食用蘑菇是安全的，而全世界约有 36000 种野生蘑菇，其中不乏有很多名贵的食用菌，但也有很多有毒蘑菇。而食用有毒蘑菇后会导致恶心、呕吐、腹痛、腹泻等胃肠道症状，以及致幻类精神症状，有的还会对器官造成损伤，甚至引起死亡。因此，鉴别蘑菇是否有毒尤为重要。

民间流传的鉴别蘑菇的方法有许多，但是误区也不少。其中"鲜艳的蘑菇有毒，不鲜艳的蘑菇无毒"的传言流传甚广。实际上，有些长得美丽的蘑菇确实有毒，如"毒蝇鹅膏"，它有着鲜红色菌盖，上面点缀着朵朵白色鳞片，鲜艳的色彩警戒着我们莫要采食；但长相并不好看的白毒伞也具有很大的毒性。又如有着鲜橙色菌盖和菌柄，未张开时包裹在白色菌托内形似鸡蛋的可爱的鸡蛋菌、色彩金黄的榆黄蘑、从雪白的菌柄顶端向下长出的形似白色网裙状的竹荪等，都是无毒有益的。因此，鉴别蘑菇不能单纯地凭借外表而得出结论，美丽的蘑菇不一定有毒，颜色不鲜艳的蘑菇也不一定无毒，千万不能以貌取"菇"。

有毒的不一定都是漂亮的

毒蝇鹅膏　　白毒伞

漂亮的也有无毒的

榆黄蘑

鸡蛋菌

竹荪

然而，既快速又可靠的鉴别手段仍未研究出来，即使是专家也需要借助专业的仪器才能将相似的品种区分开。因此，为避免中毒事件的发生，不要随便采摘野生的、不知名的、易混淆的菇类，也不要利用不科学的方法鉴别是否有毒，更不要随便食用。谨记野菇有风险，采食需谨慎！

38 吃了没煮熟的四季豆，为什么会恶心和拉肚子

四季豆虽好吃，但是一定要炒熟，颜色一定要从鲜绿变成暗绿色才能放心食用。

因为生四季豆中含有有毒物质——毒蛋白和皂素。毒蛋白具有凝血作用，皂素则对消化道黏膜有较强的刺激性，会引起胃肠道局部充血、肿胀及出血性炎症。它还是一种能破坏红细胞的溶血素，可引起溶血症状。特别是立秋后的四季豆，这两种有毒物质的含量最多。

毒蛋白有凝血作用

皂素 对消化道有较强刺激性，会引起胃肠道局部充血

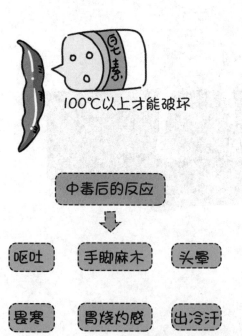

100℃以上才能破坏

中毒后的反应

呕吐　手脚麻木　头晕

畏寒　胃烧灼感　出冷汗

皂素主要在四季豆的外皮内，只要加热至 100℃以上，使四季豆彻底煮熟，才能破坏它的毒性。但如果没有煮熟就吃，可能会出现一系列的胃肠炎表现，如恶心、呕吐、腹痛、排无脓血的水样便等，呕吐少则数次，多则可过十余次。如果四季豆中毒，还会出现四肢麻木、胃有烧灼感、心慌和背疼等感觉。另外还会有头晕、头痛、胸闷、出冷汗和畏寒等神经系统症状。一般人在吃了皂素之后 1～5 小时就会引起中毒，但病程较短，一般 1～2 天，有的人甚至在数小时内就可恢复正常。

　　总而言之，在烹饪四季豆时一定要让它煮透，食用时无生味和苦硬感。只有这样，才说明毒素已经被破坏。一般来说，老四季豆更易引起中毒，在炒前择菜时应将两头含毒素较高的部分去掉。制作四季豆时，可以先用热水煮烫后再炒，这样可以有效预防四季豆炒不熟。

煮烫后再翻炒

39 有些食物容易引起过敏，吃的时候要多注意

食用某种食物后，突然出现恶心、腹痛和呕吐等表现，全身或局部皮肤出现大小不一的丘疹，红痒肿胀，鼻、咽或眼睛发痒，哮喘，心慌，甚至晕厥、休克，严重时危及生命，这可能是食物过敏惹的祸。如果下次摄入同种食物后再次出现以上不适症状，就是食物过敏的典型特征。

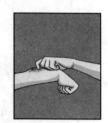

尽管致敏的食物也是"从口入"，但过敏症状并非由于食物中含有毒素所致，而是含有过敏性成分，能特异地引起某些人（只是少数过敏性体质者）免疫应答反应过度而产生速发过敏反应。

哪些食物会引起过敏反应呢？

目前已知可以引起过敏的食物有数百种之多，且其中引起食物过敏的过敏原多是蛋白质。因此，高蛋白食物，尤其是一些不经常食用的高蛋白食物，最易引起过敏。随着生活水平的提高，高蛋白食物种类越来越多，食物过敏反应也随之增加。常见致敏食物主要有各种海鲜、奶及奶制品、蛋及蛋制品、豆及豆制品、花生等坚果，蘑菇、桃、草莓、蚕蛹、蚂蚱等。

常见的致敏食物

同学们要注意哦！

因此，避免摄入容易引起过敏的食物是防止食物过敏的主要策略。属于过敏体质的同学应该根据自身情况，避免食用容易引起过敏的食物。

对牛奶等过敏者可能会随着年龄的增加，其过敏反应会下降或消失。但坚果、鱼虾等多数食物的致敏性是终生的，因此对这些食物过敏的同学更要特别注意。

40 反季水果对身体有害吗

通常说的反季水果主要有三种形式。一是异地种植：比如几乎所有水果在冬天的北方都不是应季的，但这些水果在广东、海南等产地无疑是"应季"的。二是长期保存：现在把"应季"的水果保存到"反季"，已不再是什么难事儿。香蕉、葡萄、苹果、梨、柑橘、菠萝……常见的水果几乎都可以保存起来，以保障全年供应。第三种是大棚种植：这种人造的"局部环境"在有些人看来是"违背自然"的，其实对于植物来说却依然是适宜生长的良好环境。

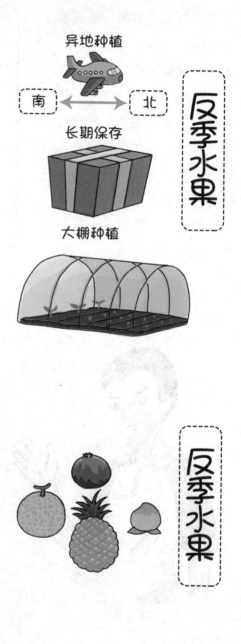

当然，不管是异地种植、长途运输，还是长期保存、售前催熟，或者是大棚种植，都跟"应时当地"生产的水果不完全相同。这种差异可能导致水果中的"营养成分"和口感有一定差异，不过，这并不意味着反季水果"没有营养"，更不意味着它们"可能有害"。新的种植与保存方式，只要是已经得到科学界的认可与广泛推广的，就意味着其"可能存在的危害"实在是微乎其微。

由此看来，反季水果并没有什么可怕之处，跟过去在冬天吃不到新鲜的水果相比，冬天吃反季的水果，远远比没有水果吃要好得多。

41 青少年为什么不能饮酒

关于青少年能否饮酒的问题，有些家长存在一些误区。有人认为饮酒是一种传统文化，让孩子学会饮酒有助于将来的社会交往，但其实酒精会给青少年的身体健康带来很多严重危害。许多国家用法律规定了喝酒的合法年龄，目的就是为了保护青少年的身体健康，同时也防止青少年因酗酒后情绪失控、冲动而引发事故。

01

青少年正处在生长发育阶段，身体器官还没有完全发育成熟，酒精对身体器官的刺激很大，会引起孩子过早出现肝功能的损伤。

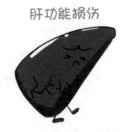

肝功能损伤

不灵敏

视力
嗅觉
听力
味觉

02

酒精对神经系统损害也很严重，青少年的大脑神经系统发育并未完全，酒精随着血液进入大脑，会导致视力下降，听力、味觉和嗅觉迟钝，甚至损害青少年的智力发育。

03

酒精对大脑的影响，会导致注意力、记忆力下降。

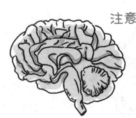

注意力、记忆力下降

急躁
冲动
神志不清

04

青少年自我控制能力差，在酒精的刺激下，容易因为急躁、冲动、神志不清，而诱发各种事故，甚至危及生命。在各类报道中，青少年打架斗殴的现象98%与喝酒有关。

42 含有食品添加剂的食品就一定不安全吗

如果没有添加剂，我们的食谱会变成什么样子呢？

没有熟肉制品。因为为了防止滋生细菌和防腐，熟肉制品中会加入防腐剂。

没有饼干和糕点。因为在饼干和糕点加工过程中，为了便于保存，生产过程中会加入防腐剂；为了口感，生产中还会加入增稠剂。

食谱
熟肉制品：无
饼干类：无
糕点类：无

如果没有了食品添加剂，几乎所有的加工食品都无法存在。食品添加剂的使用前提就是必须保证食品安全。目前，食品添加剂按照用途可分为 23 大类。截至 2011 年，允许使用的食品添加剂已达 2400 多种，其中包括食用香料 1853 种。这些添加剂不仅可以有效改善食品的品质和色香味形，还可以延长食品的保质期。

因此，食品添加剂本身未必会降低食品的安全性，有很多甚至是保证食品安全所必须的。食品添加剂本身无罪，而食品安全事件频发的事实背后是某些企业滥用、乱用食品添加剂，甚至非法添加危害极大的非食用物质。以防腐剂为例，比如低糖果酱、果脯之类的产品，因为加的糖比较少，达不到室温下抑制霉菌和酵母繁殖的作用，如果不加入防腐剂，就很容易发霉变酸，从而带来食品安全风险。再比如咸度比较低的酱油和酱菜、酸度达不到 6% 的醋、质地不那么硬的牛肉干也有同样的问题，因此都需要适量加入防腐剂。

当然，加入过多添加剂的食品，也是不提倡食用的。这是因为，这类食品往往已经脱离了天然的状态，营养价值也已经大打折扣。例如，加工程度较高的零食、点心、饮料等，它们在加工过程中加入了很多食品添加剂，营养价值相对于蔬菜、水果，以及添加剂使用数量较少的食品来说更低。

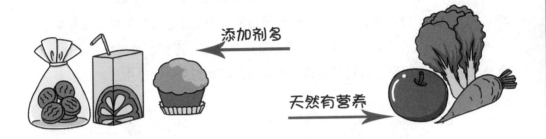

所以，食品添加剂本身无罪，只是不能滥用、乱用。但是如果真的担心一种食品中所含食品添加剂的品种、数量过多，不如直接去买新鲜天然的食物。如果实在想吃某些经过加工的食品，可以品尝，但是一定要适量，可不要贪嘴。

43 "非油炸" 零食更健康吗

我们都知道，油炸食品含油脂高、能量高，不仅会增加脂肪的摄入量，容易使人发胖，而且不易消化，油脂在高温加热过程中产生的物质会刺激胃肠黏膜，造成肠胃不适，青少年正处于成长发育期，因此不适宜经常食用油炸食品。在高温油炸的过程中，食物本身的营养素也会受到一定程度的破坏，虽然油炸食品香脆可口，但营养价值却很低，不能满足同学们身体快速生长发育的需要。

同学们对"油炸零食"已经有了一定的警惕性，但超市中贴着"非油炸"标签的薯片、虾条等零食，让大家看到了享用松脆美味零食的"希望"。"非油炸"零食真的既美味又健康吗？其实，它们并没有想象中那么美。

只要是松脆口感的零食，都很难摆脱高脂肪、高能量的真面目。虽然包装上显示，"油炸"和"非油炸"的制作工艺有所不同，但油脂含量其实不相上下，总能量也相差无几。比如，一袋100克的"油炸"薯片脂肪含量为30克，能量为519千卡（2179.8千焦），吃一袋相当于一次吃了3个馒头。而一袋同等重量的"非油炸"薯片，脂肪含量为21克，吃一袋"非油炸"薯片摄入的能量相当于2个馒头，而消耗掉这些能量，体重为50千克（即100斤）的同学，需要正常步速走3～4个小时。

可见，"非油炸"零食的脂肪含量并不低，其产生的能量也不容小觑，并不能迈入健康食品的行列，所以还是少吃为妙。

44 你知道"笑脸餐厅"吗

如果在外就餐，我们一定要选择安全、卫生的餐馆，第一次进一个餐馆怎么知道它提供的餐饮服务是否符合标准呢？下面就告诉大家两个小窍门。

首先，进入餐馆后看看收银台或其他显著位置的墙上，有没有《食品经营许可证》。如果没有取得许可证，则属于违法经营，应该拨打12331向当地食品安全管理部门举报。另外，还可以注意一下许可证上的许可备注内容，如果没有标注"凉菜""生食海产品"等内容，说明该餐馆并不具备制作凉菜或者生鱼片等食品的资格，这样的情况下，还是点些热菜吃相对安全。

许可经营范围：
热食类食品制售，冷食类食品制售；自制饮品制售（不含自制生鲜乳饮品）；预包装食品销售（不含冷藏冷冻食品）。

除了《食品经营许可证》，还要看看餐馆服务的信誉等级。你可以找找餐馆墙上一块蓝色的牌子，上面写着"餐饮服务食品安全等级公示"，还有食品药品监督管理部门给出的动态等级和年度等级评价。动态等级分为优秀、良好、一般三个等级，分别用大笑、微笑和平脸三种卡通形象表示。年度等级为过去12 个月期间餐饮服务单位食品安全管理状况的综合评价，分为优秀、良好、一般三个等级，分别用 A、B、C 三个字母表示。

如果是刚办理《食品经营许可证》的餐饮服务单位，比如新开的餐馆，在许可证颁发之日起 3 个月内不给予动态等级评定，所以在店内看不到等级公示牌。等到开店 4 个月之后就可以看等级评定的结果了。所以先不要急着去新开的餐馆尝鲜，可以等等看它的等级结果再决定。

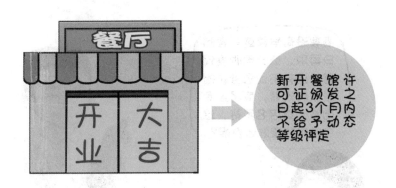

下次再进餐馆记得要看"脸"，尽量去挂着"大笑脸"或"微笑脸"的餐馆就餐。

45 外出就餐时别忘了索要发票，出现问题可以作为维权凭据

随着人们生活水平的提高，在外就餐的机会也越来越多，餐饮消费投诉也源源不断。在对这些投诉记录进行分析后发现，因为食品卫生、质量问题而导致生病的消费者占总投诉量的20%。而很多消费者在就餐后未能及时向商家索要发票，使其权益无法得到保障。

在外就餐应该选择有《食品经营许可证》的餐饮服务单位，餐后要向餐厅索要发票。在索要发票时可能会遇到下面一些情况：商家以发票刚用完或没有领到发票，需要隔几日再取为借口；或者以收据代替发票；还有的商家以向消费者提供某些优惠为诱饵，比如赠送饮料或优惠券，诱惑消费者自动放弃索要发票的权利；也有的商家会在发票上动手脚，故意填错日期或填写内容不全，不盖发票专用章或者发票专用章与店名不符等。

商家没有发票或需要隔日再取，或者用收据代替，还有用优惠券和赠送饮料代替，或不盖专用章，或店名不符，这个时候我该怎么办呢？

小同学，今天店里不方便打发票，这瓶饮料送给你吧？

以上这些情况都会导致消费者无法拿到正规的发票，如果在就餐后出现恶心、呕吐、腹痛和腹泻等不适症状，则无法对商家进行有效的投诉举报。因为发票是向食品药品监督管理部门投诉或申诉的重要依据。

发票是消费者的消费凭证，不管消费金额多少，消费者都可以理直气壮地坚持索要足额发票。对违反发票管理法规的行为，消费者可拨打纳税服务热线，向当地税务机关进行举报。如果发生了食品安全问题，可以拨打投诉电话向市场监督管理部门举报。

《中华人民共和国消费者权益保护法》第二十一条规定：经营者提供商品或者服务，应当按照国家有关规定或者商业惯例向消费者出具购货凭证或者服务单据，消费者索要购货凭证或者服务单据的，经营者必须出具。

《中华人民共和国发票管理办法》规定：如果经过查实商家故意不开发票的，由税务机关责令商家限期改正，没收非法所得，并处壹万元以下的罚款。而对举报人，税务部门会给予一定的奖励。

46 在旅游景点就餐时需要注意什么

　　周末或节假日爸爸妈妈都会带我们出去游玩，或者小伙伴们相约一起逛公园、参观博物馆、游览名胜古迹，玩累了、逛饿了就得在公园或者旅游景点附近吃饭。旅游景点附近的餐馆一般都是快餐类的，有卖小吃、炒菜的中餐馆，也有卖汉堡、薯条的洋快餐店。不管是中餐还是西餐，食物的脂肪、能量和盐含量都明显高于自己在家做的饭，如果经常在外就餐，很容易摄入过量的脂肪和盐，导致肥胖及其他疾病。

　　我们假期在外就餐时，首先要选择干净、卫生的餐馆，既保证食物的卫生、安全，也可以让我们有个吃饭的好心情。尽量不吃高脂、高油的洋快餐，点菜时选择蒸、炖、煮等方法烹调的菜肴，少吃煎炸和肉类的菜，荤素搭配，多吃蔬菜和豆制品。如果吃自助餐，一定要量力而行、食不过量，千万不要甩开膀子猛吃，撑到衣服系不上扣才扶着墙出来，这样让胃肠超负荷工作，不但不能好好消化食物，还会把肠胃系统搞坏。

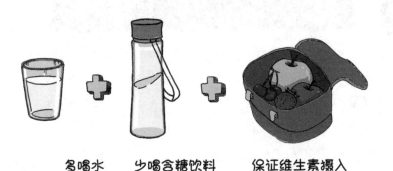

多喝水　　少喝含糖饮料　　保证维生素摄入

　　在外游玩时，一定要记得多喝水，保证水分的充足摄入，少喝含糖饮料，甜甜的饮料不但不能解渴，还会越喝越渴。出门最好自备水杯，在餐馆吃饭时可以请服务员加满白开水，少喝瓶装水，以减少塑料瓶的污染。还可以在背包中带点水果，以供旅途休息时食用，这样不仅可以及时补充能量，还能保证维生素的摄入。但是要记得把果皮和果核扔到垃圾箱里，不要随地乱扔、破坏环境卫生，做个文明的游客。

47 聚餐时不要混用餐具

围桌共食、相互夹菜是中国人自古以来的饮食习惯，因为它能一下子拉近人与人之间的距离。但一盘菜被所有人的筷子夹来夹去，在品尝美食的同时也给各种细菌的传播带来了机会。混用餐具更是给健康埋下了隐患。因此，为了自己的健康，也为了对他人负责，聚餐时不要再混用餐具了。

多种感染性疾病可能通过餐具"病从口入"，特别是筷子，直接接触就餐者的口腔和唾液，之后又在菜盘里夹菜，有时还互相夹菜，这样很容易给病菌传播创造机会，导致交叉感染。混用碗筷主要可能会引发一些通过消化道传染的疾病，如甲肝、戊肝、手足口病、幽门螺杆菌感染等。

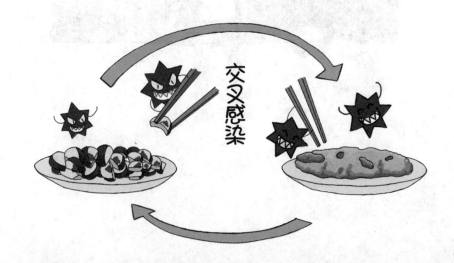

交叉感染

　　"分餐"是一种相对卫生的就餐方式。分餐制即每个人进餐前将自己想要食用的菜品一次性盛入自己的餐盘中，进餐时只取食自己餐盘中的食物。如自助餐，就是世界公认的先进、卫生的就餐方式，也是有效防范"病从口入"的进餐模式。考虑到中国的饮食文化，对于习惯围坐在一起吃饭的中国人来说，提倡采用"双筷"制，即每位就餐者面前配置两双筷子，夹菜用"取食筷"，吃菜用"进食筷"，这不失为一种"两全其美"的方法。

48 哪些食品不适合打包

我们去餐馆吃饭，难免会有点多的时候，很多人会选择把剩余的食物打包带回家。不过，是不是所有食物都适合打包呢？其实不然，如何打包也是一门学问。

哪些菜不宜打包呢？

蔬菜不宜打包。蔬菜的营养价值主要体现在富含维生素、矿物质和膳食纤维，其中的维生素如果反复加热，容易被分解破坏，会降低蔬菜的营养价值。而且，多数蔬菜重新加热时会失去原有的色泽和味道。另外，蔬菜长时间放置后，亚硝酸盐含量会急剧升高。亚硝酸盐本身具有一定的毒性，严重时会引起急性亚硝酸盐食物中毒，当亚硝酸盐与食物中的氨基酸和低级胺类发生反应，就会形成具有致癌性的亚硝胺和亚硝酰胺类物质，从而增加患癌的风险。因此，点菜时要适量，尽量不要剩菜。

服务员，除了蔬菜和凉菜，其他的都打包。

萌萌，记得打包的菜要换个干净的容器放到冰箱里保存哦。而且最好尽快吃掉。吃之前一定要彻底加热。

凉菜不宜打包。凉拌菜、沙拉等菜品清爽可口，但是这类食物也不宜打包。因为有些凉拌菜是事先拌好的，在放置和就餐过程中很容易沾上细菌，而且凉菜也不宜重新加热，所以并不适合打包。

打包菜如何存放和食用？

剩菜应分开打包，回家后应放在干净、密闭的容器中，并及时放入冰箱保存。因为低温能够抑制细菌繁殖，避免食物短时间内发生腐败变质。另外，打包食物不宜久放，最好能在 5 ~ 6 个小时内吃完。食用之前必须要彻底加热，以杀灭那些可能存在的少量细菌。

49 一次性餐具可以放进微波炉加热吗

一次性餐具能不能放进微波炉加热要看具体情况，主要是根据餐具的材质决定的。国家标准《塑料一次性餐饮具通用技术要求》中对使用于微波炉的塑料餐具规定：产品须标明厂家名称或商标、种类、材质等，如产品声明耐高温或不耐温，应标识耐用最高温度；如产品声明可微波加热使用，应标识可以微波使用以及使用温度等，如不耐热油时，应标识不耐油。所以，一次性餐具若没有标明可以微波炉加热则不能用于微波加热，标注了可以微波加热的在使用时要注意控制微波加热的火力和时间，避免超过其能耐受的最高温度。

用塑料制成的一次性餐具主要有聚丙烯（PP）和聚苯乙烯（PS）两种，均无毒无味无嗅，PP较柔软，一般耐高温PP使用温度在 −6℃ ~ 130℃，所以特别适合盛装热饭热菜，并可在微波炉里加热；改性的PP可使用温度在 −18℃ ~ 120℃，这种PP所制成的餐具除了可加热至100℃使用外，还可放入冰箱冷冻使用。PS较硬且透明，但易撕裂，PS在使用温度达75℃时开始变软，所以不适宜盛装热饭热菜，但PS的低温性能很好，是冰淇淋最好的包装材料。有些餐具为了降低成本，用PP做盒子，用PS做盒盖，好处是盖子透明，且PS较硬，可以用较薄片材制成，降低成本，但消费者必须明白这两种材料的差异，切记不要把这种餐具放入微波炉中加热。

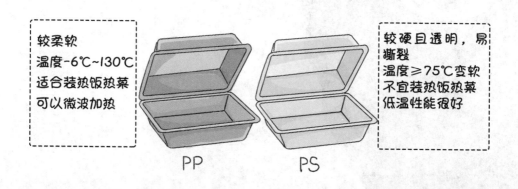

较柔软
温度-6℃~130℃
适合装热饭热菜
可以微波加热

较硬且透明，易撕裂
温度≥75℃变软
不宜装热饭热菜
低温性能很好

PP   PS

还有一些可降解的一次性餐具，是以淀粉、植物纤维为主要原料，加入成型剂、黏合剂、耐水剂等助剂，经过化学和物理方法处理制成。

总的来说，一次性餐具应该尽量避免放入微波炉中加热，特别是不要用高火长时间加热，并且尽量不要加热含油脂丰富的食物，因为油脂在加热过程中很容易超出餐具的耐受温度，造成一些有害物质的溶出。

50 如何找到靠谱的外卖

网上订餐以"快捷简单、物美价廉"为特点，受到了同学们的青睐。可是，你知道如何保证网络订餐送来的美食既美味又安全吗？

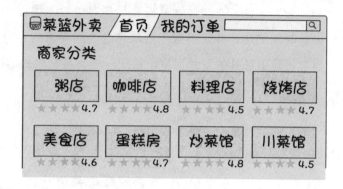

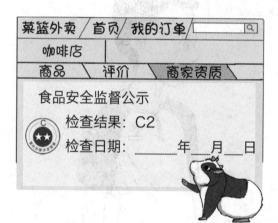

首先要坚守的最重要的底线是：查看平台公示的入网单位许可证（一般在店铺资质介绍的位置），选择持有"有效许可证"的餐饮单位，避开无证、借用、伪造许可证或超范围经营的商户。

另外，可以看看消费者对该商家的评价，如果评价太低，且都是关于质量的差评，那就不要选这样的商家。

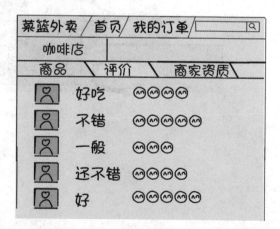

再者，还可以参考店铺介绍里的门面、大堂、厨房等照片进行判断，当然只能作为参考。如果有条件最好能够去实体店实地就餐体验一下，这样既可以考察一下商家的就餐环境和饭菜质量，也可以作为今后订外卖的参考依据。

《网络食品安全违法行为查处办法》提出，只有取得许可证的实体餐饮店才能在网上接受订餐，并按照食品经营许可证载明的主体业态、经营项目从事经营活动，不得超范围经营。没有实体店不得进行网上订餐销售活动。餐饮企业须保证在店内就餐和外卖餐饮质量一致。

那么，网上订餐消费应该如何维权呢？首先，网上订餐务必索取消费票据，保留电子证据，如聊天记录、订单信息、网页截屏等交易凭证，养成良好的消费习惯。如果发现食品卫生安全问题，要做好证据留存（如将怀疑有问题的食品先放入冰箱冷藏备查，收集呕吐物、腹泻物等），并及时向有关部门投诉举报。

如何维权：
订餐索取票据，保留各种电子证据
发现食品卫生安全问题保留证据
及时向有关部门投诉举报

《中华人民共和国食品安全法》规定，消费者通过网络食品交易第三方平台购买食品，其合法权益受到损害的，可以向入网食品经营者或者食品生产者要求赔偿。网络食品交易第三方平台提供者不能提供入网食品经营者的真实名称、地址和有效联系方式的，由网络食品交易第三方平台提供者赔偿。网络食品交易第三方平台提供者赔偿后，有权向入网食品经营者或者食品生产者追偿。网络食品交易第三方平台提供者作出更有利于消费者承诺的，应当履行其承诺。